7

Haus der Vierecke

Grundlagen

Seitenlängen: a, b, c, d.
Winkelmaße: α, β, γ, δ.
Gegenseiten: $\overline{AB}$ und $\overline{CD}$,
$\overline{AD}$ und $\overline{BC}$.
Nachbarseiten: z. B. $\overline{AB}$ und $\overline{BC}$.
Gegenwinkel: $\sphericalangle\alpha$ und $\sphericalangle\gamma$,
$\sphericalangle\beta$ und $\sphericalangle\delta$.
Nachbarwinkel: z. B. $\sphericalangle\alpha$ und $\sphericalangle\beta$.
Diagonalen: $\overline{AC}$ und $\overline{BD}$.
Diagonalenlängen: e, f.

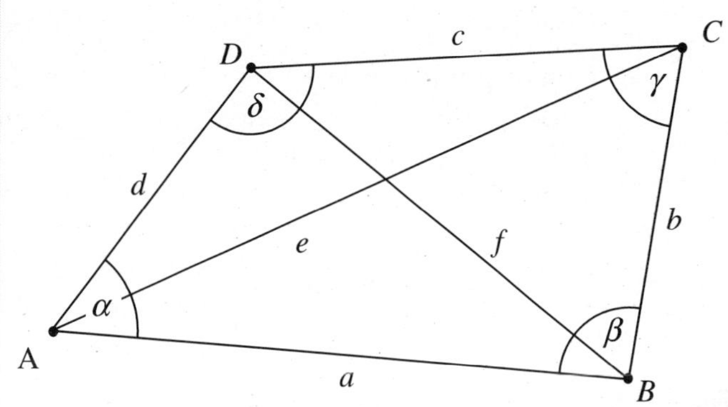

1. a) **Gruppenarbeit**
Ihr sollt das nebenstehende Viereck *ABCD* ins Heft zeichnen. Dazu müsst ihr Stücke des Vierecks (Strecken, Winkel) messen.
Eure Messergebnisse könnt ihr hier notieren:

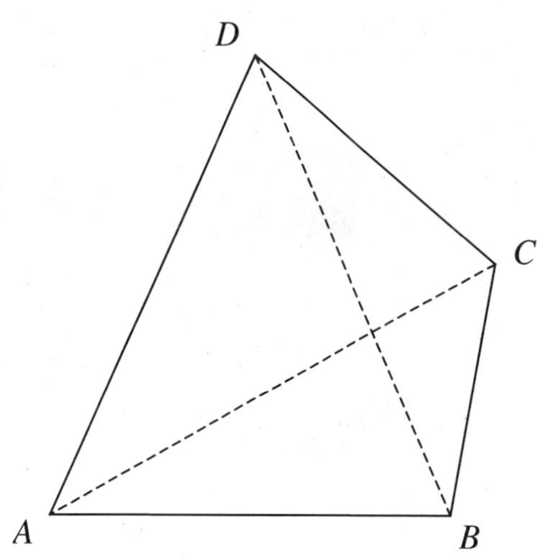

Wie viele Messungen braucht ihr mindestens?

b) **Gruppenberichte**
Stellt eure Lösungen der Klasse vor.

c) Ergänzt folgende Infobox.

Um ein Viereck eindeutig konstruieren zu können, brauchen wir
geeignete Angaben.

Beispiel einer Viereckskonstruktion:

Konstruiere ein Viereck aus $c = 5\,\text{cm}$, $d = 4{,}5\,\text{cm}$, $f = 7\,\text{cm}$, $\beta = 80°$ und $\gamma = 70°$.

- Planfigur

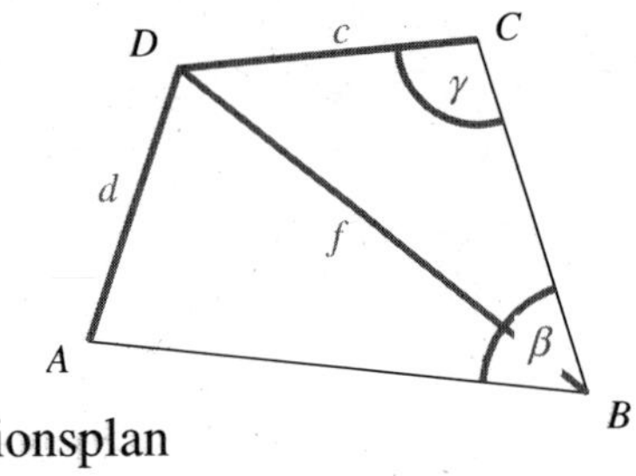

- Konstruktionsplan

  ① Konstruktion von ΔBCD nach der Grundaufgabe SSW.

  ② Konstruktion von A:
  A liegt auf dem freien Schenkel von $\sphericalangle\beta$ und auf dem Kreis $k(D, d)$.

- Konstruktion

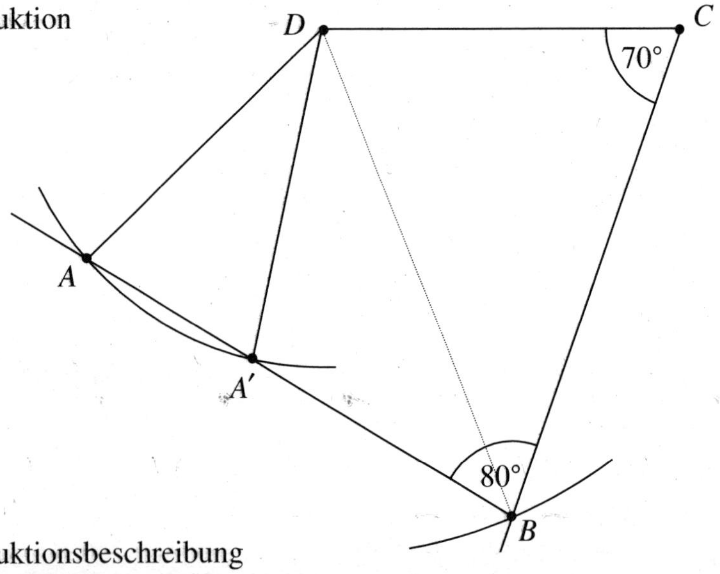

- Konstruktionsbeschreibung

  Ich konstruiere das Teildreieck BCD nach SSW aus $c = 5\,\text{cm}$, $f = 7\,\text{cm}$ und $\gamma = 70°$.
  In B trage ich $\sphericalangle\beta$ von 80° an $\overline{BC}$ und um D zeichne ich den Kreis mit Radius $d = 4{,}5\,\text{cm}$. Der Kreis schneidet den freien Schenkel von $\sphericalangle\beta$ in A und A'.
  Ich verbinde A bzw. A' mit D.

Die Aufgabe hat zwei Lösungen.

2. Konstruiere ein Viereck aus den gegebenen Größen und beschreibe deine Konstruktion.
   a) $a = 3\,\text{cm}$, $b = 4\,\text{cm}$, $c = 4{,}6\,\text{cm}$, $d = 5{,}2\,\text{cm}$, $\alpha = 95°$.
   b) $a = 7\,\text{cm}$, $b = 4{,}5\,\text{cm}$, $c = 4\,\text{cm}$, $d = 6\,\text{cm}$, $e = 5{,}5\,\text{cm}$.
   c) $a = 6\,\text{cm}$, $c = 4\,\text{cm}$, $e = 8{,}5\,\text{cm}$, $f = 5{,}5\,\text{cm}$, $\delta = 135°$.
   d) $b = 7\,\text{cm}$, $d = 6{,}4\,\text{cm}$, $f = 9\,\text{cm}$, $\gamma = 108°$, $\beta = 65°$.

3. a) **Einspringende Ecke**
   Konstruiere ein Viereck aus $a = 8\,\text{cm}$, $b = 5\,\text{cm}$, $d = 7\,\text{cm}$, $e = 5\,\text{cm}$, $\alpha = 60°$. Miss γ.

   b) **Unmögliches Viereck**
   Begründe, warum aus $a = 7\,\text{cm}$, $c = 4\,\text{cm}$, $d = 6\,\text{cm}$, $e = 8\,\text{cm}$ und $\delta = 65°$ kein Viereck konstruiert werden kann. Fertige eine Planfigur an.

4. **Innenwinkelsatz für Vierecke**

a) Bestimme in nebenstehendem Viereck die benannten Winkel und die Winkelsumme.

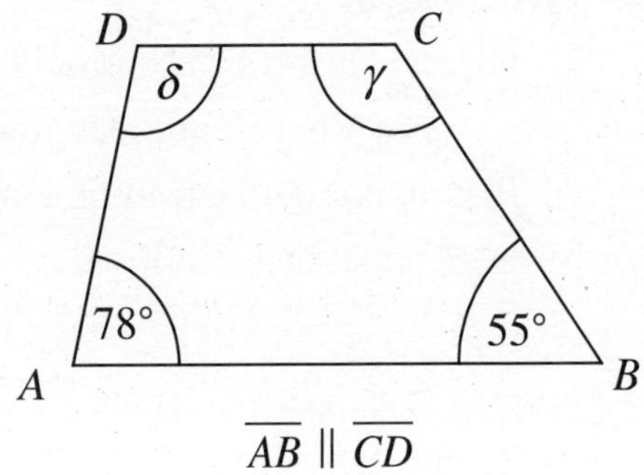

γ =

δ =

$\alpha + \beta + \gamma + \delta$ =

b) Formuliere einen Satz.

Innenwinkelsatz für Vierecke

c) Beweise den Satz.
Tipp: Zerlege das Viereck in zwei Teildreiecke.

5. a) Die Innenwinkel eines Vierecks sind maßgleich.
Um was für ein Viereck handelt es sich?

b) Zeichne ein Viereck mit maßgleichen Innenwinkeln und $a = 6\,\text{cm}$ und $e = 7\,\text{cm}$.

c) Beschreibe das Viereck anhand des nachstehenden Fragenkataloges.

d) Begründe, dass das Viereck einen Umkreis hat, und füge ihn in der Zeichnung hinzu.

e) Untersuche das Viereck auf Achsensymmetrie und Punktsymmetrie.
Markiere die Symmetrieachsen und das Symmetriezentrum farbig.

Eine Figur heißt **achsensymmetrisch** (**punktsymmetrisch**), wenn es eine Achsenspiegelung (Punktspiegelung) gibt, die die Figur auf sich selbst abbildet.

Fragenkatalog zur Beschreibung besonderer Vierecke:

- Gibt es gleich lange Seiten?
- Gibt es parallele Seiten?
- Gibt es orthogonale Seiten?
- Gibt es gleich große Winkel?
- Sind die Diagonalen gleich lang?
- Sind die Diagonalen orthogonal?
- Wird eine Diagonale von der anderen halbiert?
- Halbiert eine Diagonale einen Innenwinkel?

…

6. **Das Quadrat**

a) Hier ist Gustavs Definition des Quadrates:

„Ein Viereck mit maßgleichen Seiten heißt Quadrat.“

Bist du mit der Definition einverstanden? Begründe deine Entscheidung.

b) Berichtige die Definition.

c) Zeichne ein Quadrat, das den Flächeninhalt 30 cm^2 hat, und beschreibe es anhand des Fragenkataloges.

d) Welche Symmetrien hat das Quadrat? Füge in der Zeichnung alle Symmetrieachsen ein.

7. **Fermat-Punkt**

(Pierre de Fermat, franz. Mathematiker, 1601 – 1665)

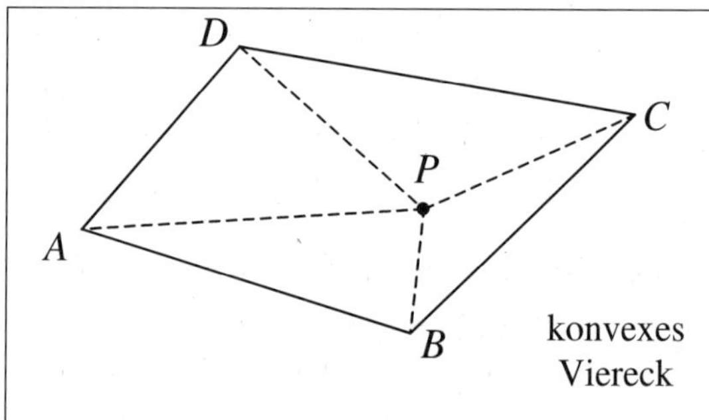

a) Miss für verschiedene Punkte P im Innern des nebenstehenden Vierecks die Summe der Entfernungen von den Ecken.

b) Für welchen Punkt im Innern ist die Summe der Entfernungen von den Ecken am kleinsten?

Formuliere einen Satz.

c) Beweise diesen Satz mit Hilfe der Dreiecksungleichung.

Dreiecksungleichung:

z. B. $|\overline{AC}| \leq |\overline{AP}| + |\overline{PC}|$.

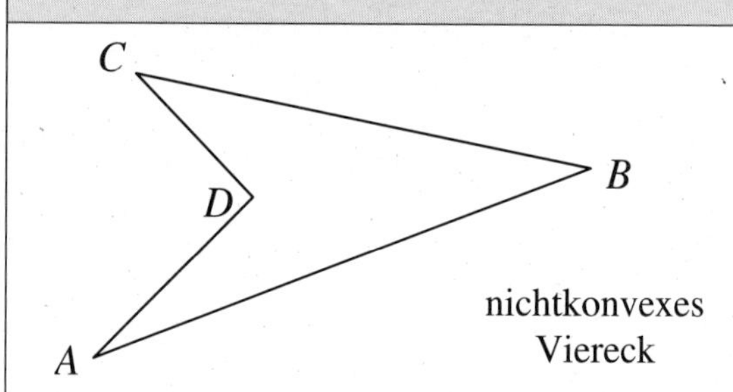

d) Zeige: Für ein Viereck, das eine einspringende Ecke hat, trifft die Aussage in b) nicht zu.

Welches ist hier der Punkt, dessen Entfernungssumme von den vier Ecken minimal ist?

e) Ergänze.

- Ein Punkt, für den die Summe der Entfernungen von den Ecken eines Vielecks minimal ist, heißt **Fermat-Punkt** des Vielecks.
- Der Fermat-Punkt eines konvexen Vierecks ist

Für Interessierte: Im Arbeitsbuch zur Klasse 7 findet ihr auf den Seiten 229 und 258 Aufgaben zum Fermat-Punkt von Dreiecken.

8. **Ein nützlicher Satz**

> Stufenwinkel und Wechselwinkel an Parallelen sind maßgleich.

a) Nenne Voraussetzung und Behauptung des nebenstehenden Satzes und veranschauliche ihn in einer Zeichnung.

b) Formuliere die Kehraussage und nenne Voraussetzung und Behauptung.

c) Teste die Kehraussage, indem du die Geraden zeichnest, die die Gerade k in zwei Punkten unter einem Winkel von 65° schneiden.

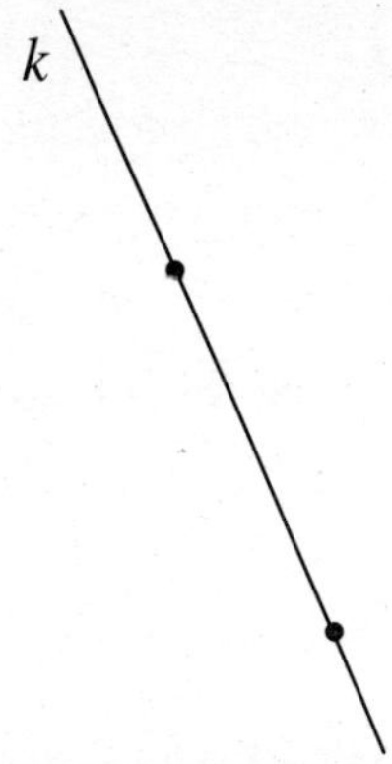

d) Fasse Satz und Kehrsatz in einem Genau-dann-wenn-Satz zusammen.

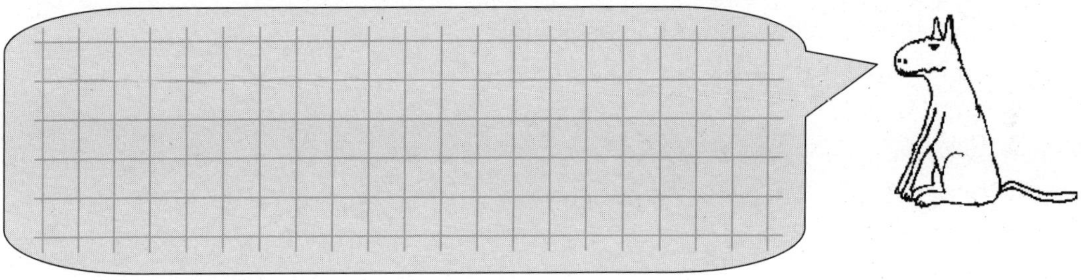

e) *Für Experten:*
Beweise den Kehrsatz indirekt.
Nimm an, dass sich g und h schneiden, und folgere daraus, dass $\alpha \neq \beta$ ist.

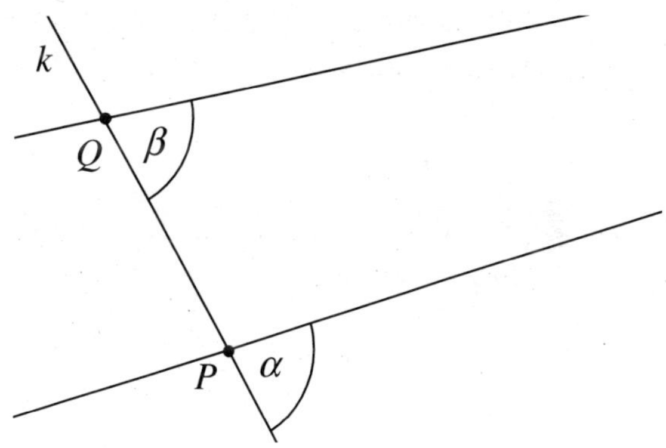

Parallelogramme

9. a) Zeichne ein Viereck, in dem die Gegenseiten parallel sind, aus $a = 7\,\text{cm}$, $d = 4{,}5\,\text{cm}$ und $\alpha = 63°$.
b) Miss die Abstände der Ecke D von den nicht benachbarten Vierecksseiten.
c) Berechne die Maße der übrigen Innenwinkel.

> Ein Viereck, dessen Gegenseiten parallel sind, heißt **Parallelogramm**.

10. Konstruiere ein Parallelogramm aus den gegebenen Größen.

a) $a = 6\,\text{cm}$, $b = 4\,\text{cm}$, $\beta = 75°$.

b) $a = 4\,\text{cm}$, $f = 6{,}5\,\text{cm}$, $\alpha = 82°$.

c) $e = 6\,\text{cm}$, $|\sphericalangle CAD| = 30°$, $|\sphericalangle BAC| = 40°$.

d) $a = 3{,}4\,\text{cm}$, $b = 5\,\text{cm}$, $h_a = 2{,}5\,\text{cm}^*$.

* *Hinweis:* $\overline{h_a}$ = Parallelogrammhöhe = Lot von *D* auf *AB*.

11. Die vier Geraden *g*, *h*, *k* und *ℓ* erzeugen ein Viereck.

a) Zeichne das Viereck und gib die Koordinaten der Eckpunkte an.

b) Begründe, dass das Viereck ein Parallelogramm ist.

c) Welche Koordinaten hat der Diagonalenschnittpunkt *M*?

d) Spiegele das Parallelogramm an *M*. Was beobachtest du?

$g{:}\ 3x + 4y = 12$

$h{:}\ -x + 2y = 6$

$k{:}\ x - 2y = 4$

$\ell{:}\ 3x + 4y = 42$

12. **Symmetrie**

Ein Parallelogramm *ABCD* wird am Mittelpunkt *M* der Diagonalen $\overline{AC}$ gespiegelt.

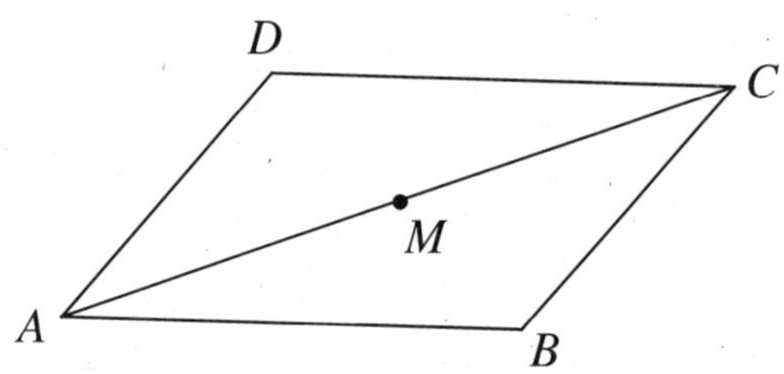

Voraussetzung: $\overline{AB} \parallel \overline{DC}$ und $\overline{AD} \parallel \overline{BC}$.

a) Gib die Bildpunkte von *A* und *C* an.

b) Wir suchen gemeinsam den Bildpunkt von *B* (*Beachte den Hinweis des Softfrutti-Hundes*).

Die Gerade AB geht über in die Parallele zu AB

durch C, also in die Gerade .

Die Gerade BC geht über

B ist der Schnittpunkt von AB und BC, also ist

der Bildpunkt von B

c) Begründe, dass *B* der Bildpunkt von *D* ist.

d) Welche Symmetrie besitzt das Parallelogramm? Formuliere einen Satz.

13. Schreibe alle Parallelogrammeigenschaften auf, die aus der Symmetrie folgen (*Beachte den Fragenkatalog auf Seite 203*).

Eigenschaften des Parallelogramms

-
-
-

14. **Satz und Kehrsatz**

a) Formuliere den nebenstehenden Satz als Wenn-dann-Satz und formuliere die Kehraussage.

> Im Parallelogramm sind die Gegenseiten gleich lang.

b) Teste die Kehraussage, indem du ein Viereck mit $a = c = 7\,\text{cm}$ und $b = d = 4\,\text{cm}$ zeichnest.

c) Beweise die Kehraussage.

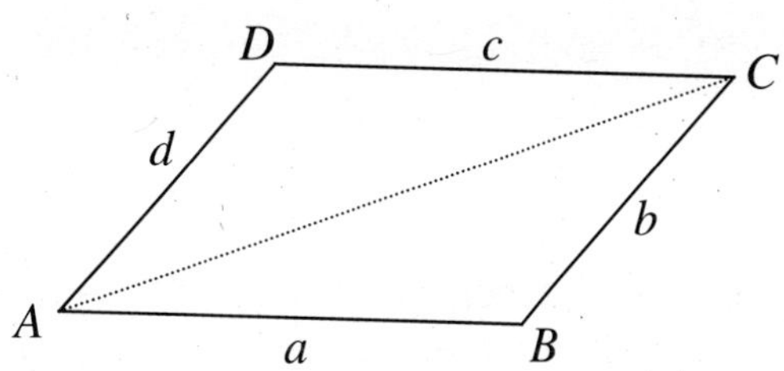

Vor.:

Beh.:

Beweis:

d) Fasse Satz und Kehrsatz in einem Genau-dann-wenn-Satz zusammen.

15. **Noch ein Kehrsatz gefällig?**

> Im Parallelogramm halbieren sich die Diagonalen.

a) Formuliere zu nebenstehendem Satz die Kehraussage und stelle anhand einer Zeichnung fest, ob sie richtig sein kann.

b) Beweise die Kehraussage.

c) Fasse Satz und Kehrsatz in einem Satz zusammen.

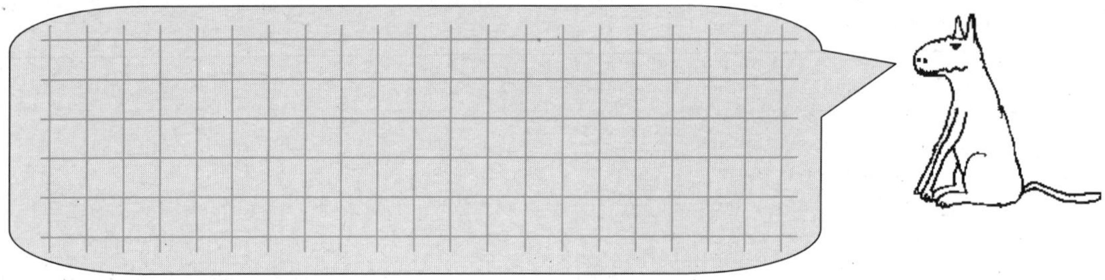

16. Konstruiere ein Parallelogramm aus den gegebenen Stücken.

a) $c = 7{,}4\,\text{cm}$, $d = 4{,}8\,\text{cm}$, $\alpha = 128°$.

b) $a = 6{,}5\,\text{cm}$, $e = 8{,}7\,\text{cm}$, $\alpha = 70°$.

c) $a = 6\,\text{cm}$, $e = 8\,\text{cm}$, $f = 5{,}4\,\text{cm}$.

d) $c = 4{,}8\,\text{cm}$, $f = 6\,\text{cm}$, $|\sphericalangle BMC| = 55°$.

17. **Mittenviereck**

a) Zeichne ein beliebiges Viereck und verbinde die Seitenmitten zum **Mittenviereck**.

b) Beweise: Das Mittenviereck eines beliebigen Vierecks ist ein Parallelogramm.

Hinweis: Im Dreieck ist die Verbindungsstrecke zweier Seitenmitten parallel zur dritten Seite (Klasse 7, Seite 202).

18. a) Zeichne in das Parallelogramm $ABCD$ die Winkelhalbierenden der vier Innenwinkel ein.

b) Beweise:
Die Schnittpunkte der Winkelhalbierenden sind die Eckpunkte eines Rechtecks.

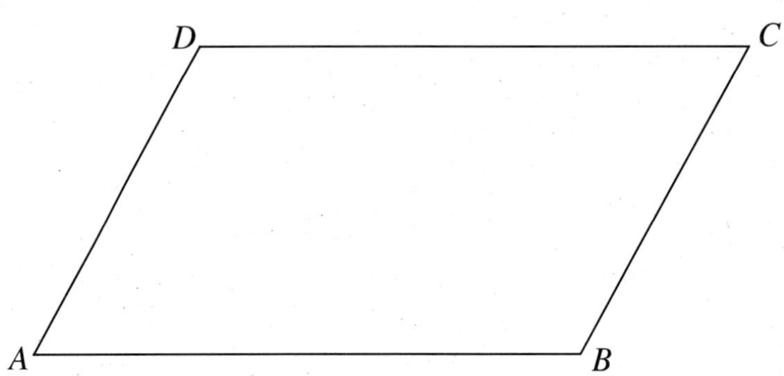

Weitere Vierecke: Trapez, Drachen, Raute

19. **Trapez**

a) Zeichne das Viereck mit den Eckpunkten $A(1|1)$, $B(7|1)$, $C(6|5)$ und $D(4|5)$ und beschreibe es anhand des Fragenkatalogs auf Seite 203.

b) Vierecke wie das in a) gezeichnete nennen wir **Trapeze**. Gib eine Definition des Begriffs „Trapez“ an.

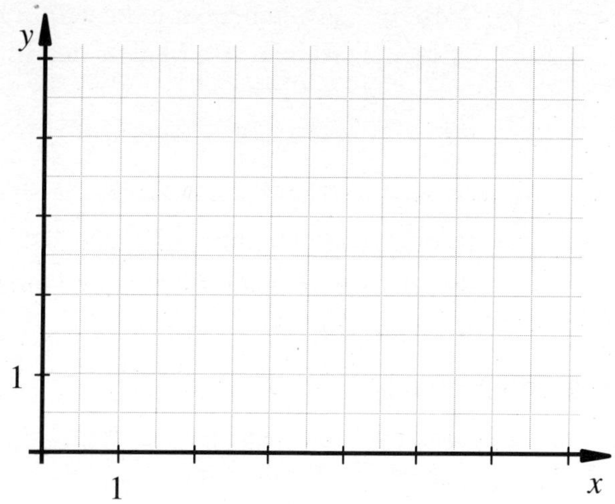

c) Die beiden parallelen Seiten heißen **Grundseiten**, die anderen **Schenkel** des Trapezes. Das Lot von D (oder von irgendeinem anderen Punkt von $\overline{CD}$) auf $\overline{AB}$ heißt **Höhe** des Trapezes. Kennzeichne in der Zeichnung die Grundseiten, Schenkel und Höhe mit verschiedenen Farben.

d) Bestimme die Länge der Trapezseiten, der Höhe und der Diagonalen.

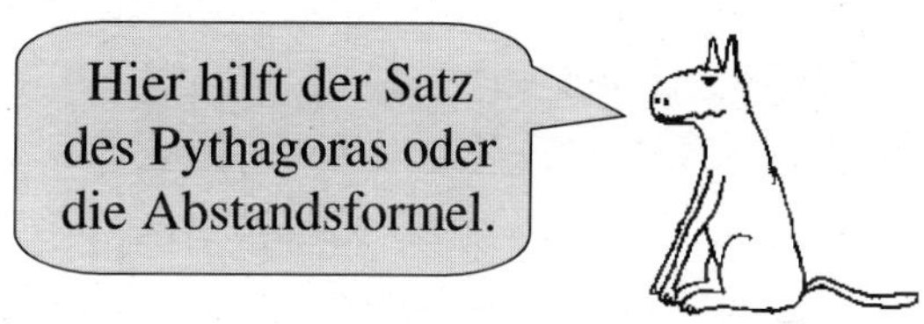

20. Konstruiere ein Trapez aus den gegebenen Größen ($\overline{AB}$ und $\overline{DC}$ sind die Grundseiten).

a) $a = 6\,\text{cm}$, $b = 4\,\text{cm}$, $c = 3\,\text{cm}$, $\beta = 80°$.

b) $d = 4{,}5\,\text{cm}$, $e = 6\,\text{cm}$, $f = 6{,}3\,\text{cm}$, $\alpha = 42°$.

c) $a = 7{,}2\,\text{cm}$, $d = 3{,}5\,\text{cm}$, $h = 3\,\text{cm}$, $\beta = 55°$.

d) $a = 8\,\text{cm}$, $b = 4{,}3\,\text{cm}$, $c = 5\,\text{cm}$, $d = 3{,}8\,\text{cm}$.

Hinweis: Zerlege das Trapez in ein Parallelogramm und ein Dreieck; das Dreieck kannst du zeichnen.

e) *Zum Knobeln:* $a = 6\,\text{cm}$, $c = 2{,}5\,\text{cm}$, $e = 6\,\text{cm}$, $f = 7\,\text{cm}$.

21. **Winkel im Trapez**

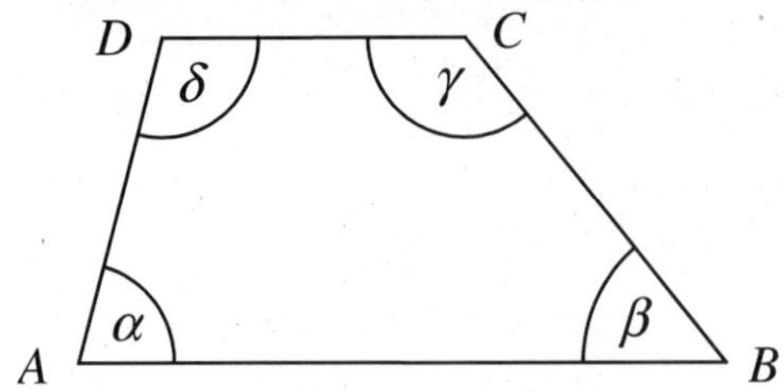

a) In nebenstehender Abbildung sind $\alpha = 75°$ und $\gamma = 130°$. Kannst du β und δ berechnen?

b) Welcher Zusammenhang besteht in einem Trapez zwischen den Maßen der Innenwinkel an einem Schenkel?

c) In einem Trapez mit $\overline{AB} \parallel \overline{DC}$ ist β um 80° größer als α und γ doppelt so groß wie α. Berechne die Maße der Trapezwinkel und zeichne ein solches Trapez.

22. **Mittellinie**

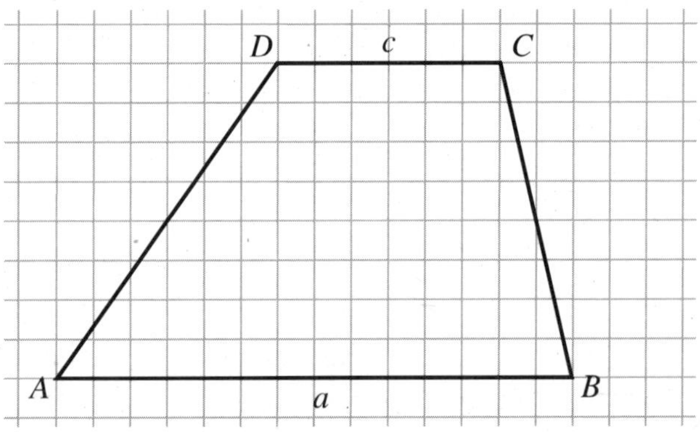

a) Zeichne in nebenstehendem Trapez die Verbindungsstrecke der Schenkelmitten ein.

Die Strecke heißt **Mittellinie** des Trapezes. Welche Eigenschaften hat die Mittellinie?

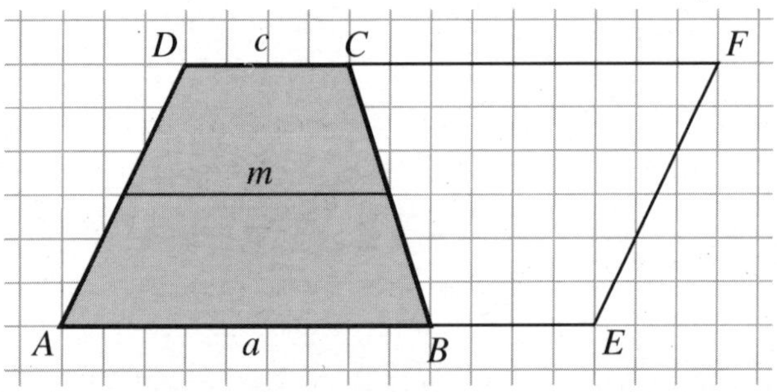

b) Wie ist das Viereck *AEFD* aus dem Trapez *ABCD* entstanden?

Leite anhand der Figur eine Formel zur Berechnung von *m* aus *a* und *c* her.

23. **Symmetrisches Trapez**

a) Zeichne das Viereck mit den Eckpunkten $A(1|1)$, $B(7|7)$, $C(3|7)$ und $D(1|5)$. Begründe, dass das Viereck ein Trapez ist.

b) Untersuche das Trapez auf Symmetrie.

c) Welche besonderen Eigenschaften hat ein **symmetrisches Trapez**?

d) Begründe anhand der Zeichnung in a), dass ein symmetrisches Trapez einen Umkreis hat. Füge in der Zeichnung den Umkreis hinzu und gib seinen Mittelpunkt und Radius an.

24. Auf einem 2,5 m hohen Damm mit einem Böschungswinkel von 40° und einer Dammsohle von 8 m soll ein Radweg angelegt werden.

Wie breit wird der Weg? Konstruiere in einem geeigneten Maßstab.

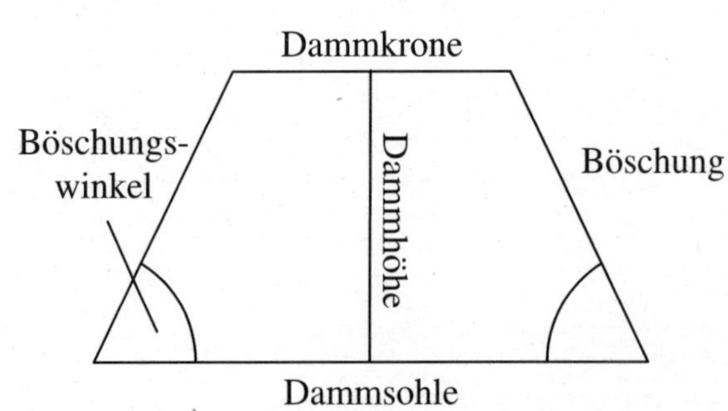

Ein Viereck heißt **Drachenviereck**, wenn die Diagonalen orthogonal sind und eine durch die andere halbiert wird.

25. a) Welche der folgenden Vierecke sind **Drachenvierecke**?

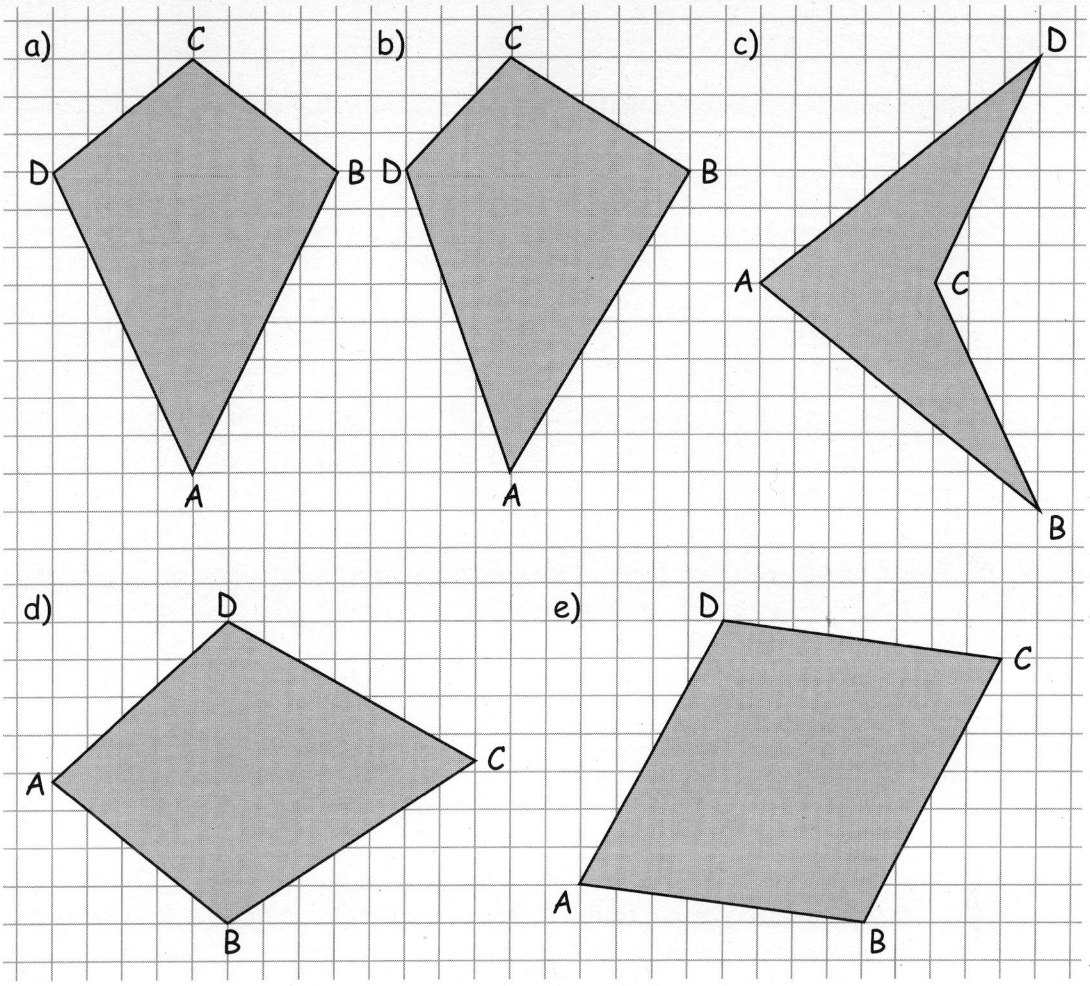

b) Stelle anhand des Fragenkatalogs auf Seite 203 die Dracheneigenschaften zusammen.

Eigenschaften des Drachenvierecks

-
-
-

c) Welche Symmetrie besitzt das Drachenviereck?

26. Konstruiere einen Drachen (mit der Symmetrieachse AC) aus den gegebenen Stücken.

a) $c = 5{,}5\,\text{cm}$, $e = 7\,\text{cm}$, $f = 4\,\text{cm}$. b) $a = 6\,\text{cm}$, $b = 2{,}5\,\text{cm}$, $\beta = 50°$.

27. **Raute**

a) Zeichne ein Viereck mit $a = b = c = d = 6\,\text{cm}$ und $\alpha = 56°$ samt Diagonalen.

b) Vierecke wie das in a) gezeichnete heißen **Rauten**. Gib eine Definition des Begriffs „Raute“.

c) Stelle anhand des Fragenkatalogs auf Seite 203 die Rauteneigenschaften zusammen.

Eigenschaften der Raute

-
-
-
-
-

d) Begründe, warum in einer Raute die Diagonalen orthogonal sind.

Der Softfrutti-Hund hat für dich einen Tipp.

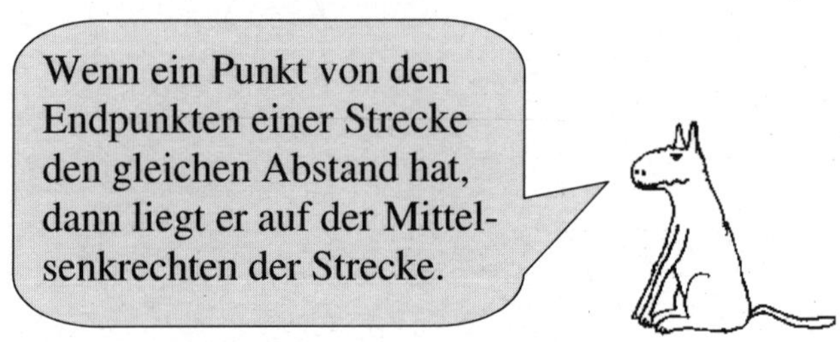

e) Welche Symmetrie hat die Raute? Füge in der Zeichnung alle Symmetrieachsen hinzu.

28. Konstruiere eine Raute aus den gegebenen Stücken.

a) $a = 5\,\text{cm}$, $\gamma = 130°$. b) $b = 6{,}2\,\text{cm}$, $f = 5{,}4\,\text{cm}$. c) $e = 6{,}5\,\text{cm}$, $\alpha = 68°$.

29. **Scherenwagenheber**

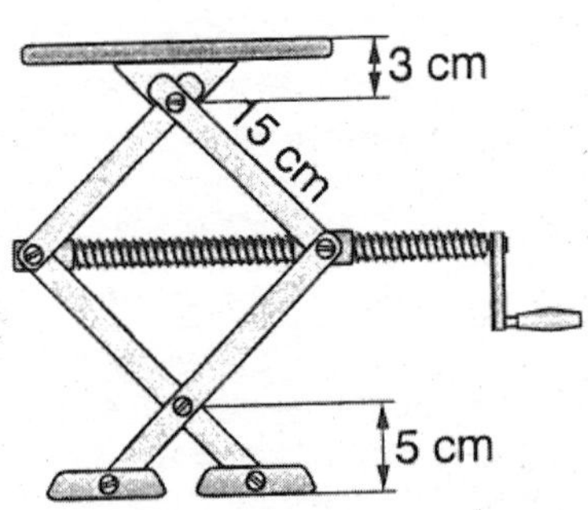

a) Beschreibe den Mechanismus des Wagenhebers.

b) Welchen Abstand hat die Auflagefläche des Wagenhebers vom Boden, wenn die 30 cm lange Schraube um 14 cm heraussteht?

☞ Löse die Aufgabe durch Konstruktion (Maßstab 1:2).

☞ Löse die Aufgabe durch Rechnung.

30. **Inkreis**

a) Zeichne eine Raute aus $a = 6\text{cm}$ und $\alpha = 116°$.

b) Begründe anhand der Zeichnung, dass die Raute einen **Inkreis** (Kreis, der alle Vierecksseiten berührt) hat.

c) Füge in der Zeichnung den Inkreis hinzu und miss den Inkreisradius ρ (rho).

d) Konstruiere eine Raute aus $\alpha = 80°$ und $\rho = 3\text{cm}$ und beschreibe deine Konstruktion.

31. **Drachen – Raute – Quadrat**

a) Zeichne das Viereck *ABCD* mit den Eckpunkten $A(0|4)$, $B(5|0)$, $C(7|4)$ und $D(5|8)$. Um was für ein Viereck handelt es sich?

b) Verändere die Koordinaten des Punktes *A* so, dass eine Raute entsteht.

c) Verändere die Koordinaten der Punkte *A* und *C* so, dass ein Quadrat entsteht.

Ordnen der Vierecke

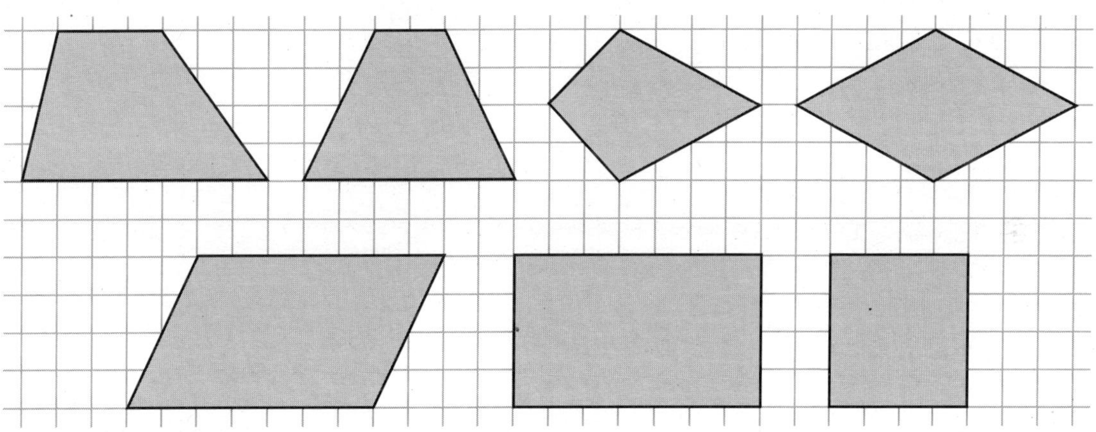

32. Hier sind die Definitionen für besondere Vierecke aufgeschrieben.
Welche Definition gehört zu welchem Viereck?

Viereck mit vier maßgleichen Winkeln	Viereck mit einem Paar paralleler Seiten	Viereck mit paarweise parallelen Seiten
Viereck mit vier maßgleichen Seiten	Viereck mit orthogonalen Diagonalen, von denen eine die andere halbiert	Viereck mit vier maßgleichen Seiten und Winkeln

33. **Verwandtschaften**

a) Begründe:
- Jedes Quadrat ist ein Rechteck.
- Jedes Quadrat ist eine Raute.
- Jedes Rechteck ist ein Parallelogramm.
- Nicht jedes Rechteck ist eine Raute.

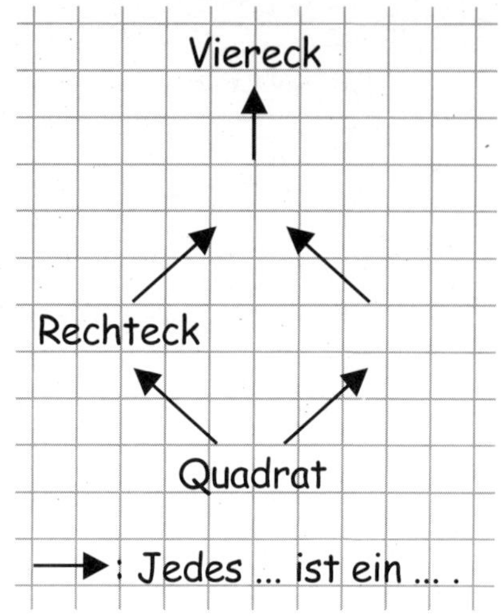

b) Die in a) aufgeführten Beziehungen kannst du übersichtlich in einem Diagramm darstellen. Vervollständige das Diagramm.

c) Formuliere die in dem Diagramm dargestellten Beziehungen als Wenn-dann-Aussagen.

d) Füge im Diagramm in anderer Farbe die entgegengesetzten Pfeile hinzu und lies: „... vererbt seine Eigenschaften an ...“.

e) Stelle folgende Beziehungen in einem Ordnungsdiagramm dar und begründe sie.
- Jede Raute ist ein Drachenviereck.
- Jede Raute ist ein Parallelogramm.
- Wenn ein Viereck ein Parallelogramm ist, dann ist es auch ein Trapez.

f) Welche Aussagen enthält das nachstehende Ordnungsdiagramm? Prüfe, ob die Aussagen richtig sind.

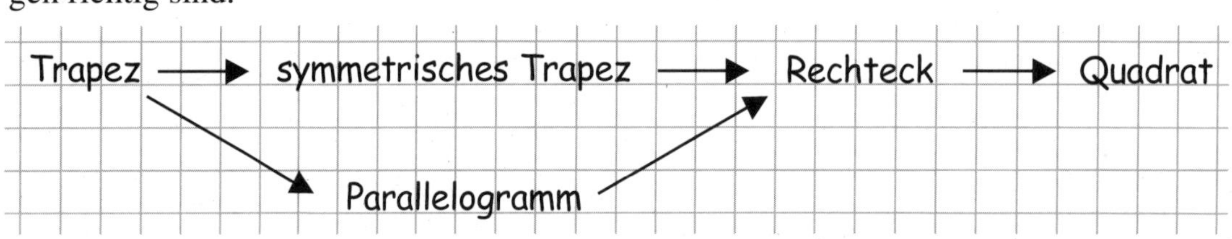

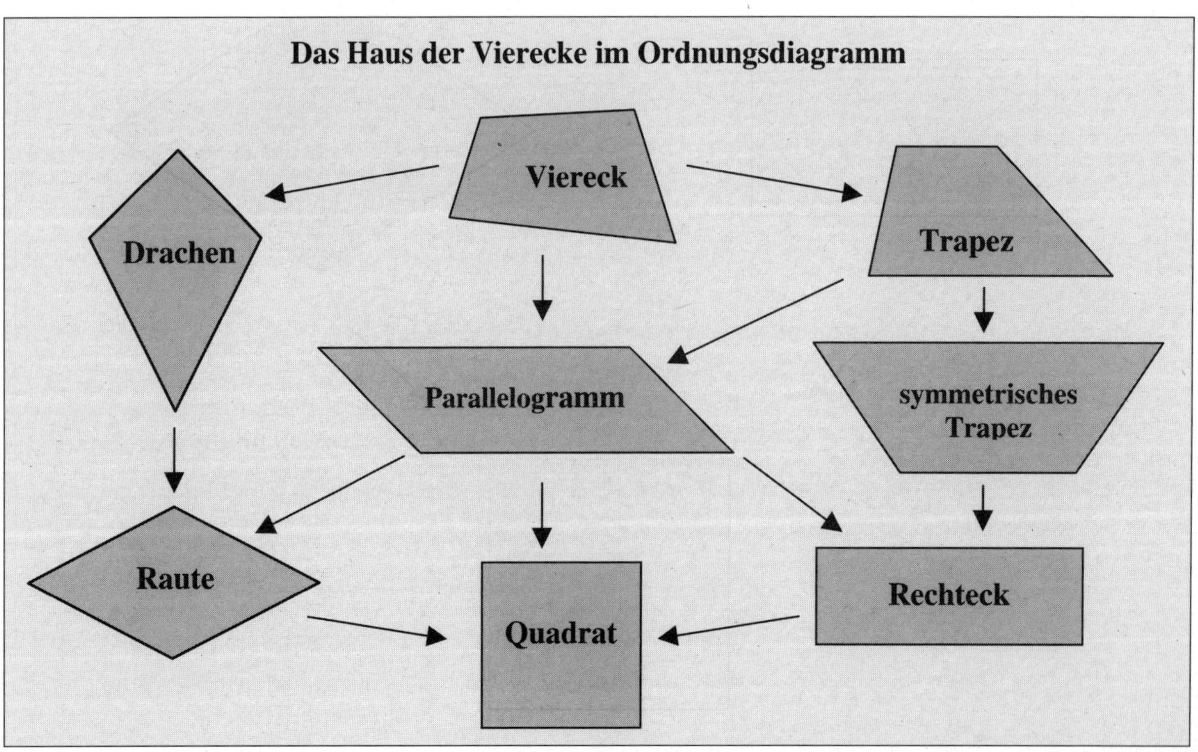

34. a) Gib für jedes Viereck im Haus der Vierecke die Anzahl der Stücke an, die du mindestens brauchst, um es eindeutig festzulegen.

allgemeines Viereck	
Drachenviereck	
Trapez	
symmetrisches Trapez	

Parallelogramm	
Raute	
Rechteck	
Quadrat	

b) Wie kannst du die Anzahl der erforderlichen Stücke schnell an der Stellung im Ordnungsdiagramm erkennen?

35. Welche Aussagen sind richtig? Begründe.

a) Wenn ein Viereck ein Rechteck ist, dann sind die Diagonalen gleich lang.

b) Wenn in einem Viereck die Diagonalen gleich lang sind, dann ist es ein Rechteck.

c) Wenn ein Viereck orthogonale Diagonalen hat, dann ist es ein Drachenviereck.

d) Wenn ein Viereck ein Rechteck ist, dann ist es auch ein symmetrisches Trapez.

e) Wenn ein Viereck genau eine Symmetrieachse hat, dann ist es ein symmetrisches Trapez.

f) Wenn es in einem Viereck zwei Paare orthogonaler Seiten gibt, dann ist das Viereck ein Rechteck.

36. Notiere alle besonderen Vierecke, die sich hinter der Mauer verstecken könnten. Begründe deine Wahl.

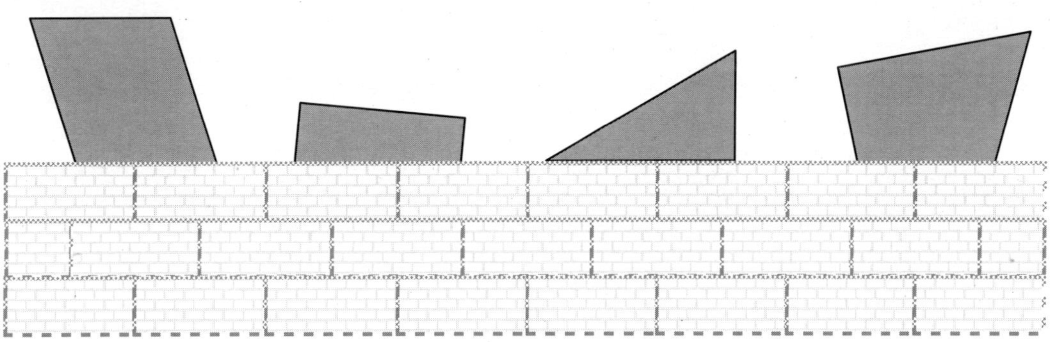

37. Nach den Diagonaleneigenschaften sortieren

Sortiere die besonderen Vierecke anhand des nachstehenden **Flussdiagramms** nach den Diagonaleneigenschaften.

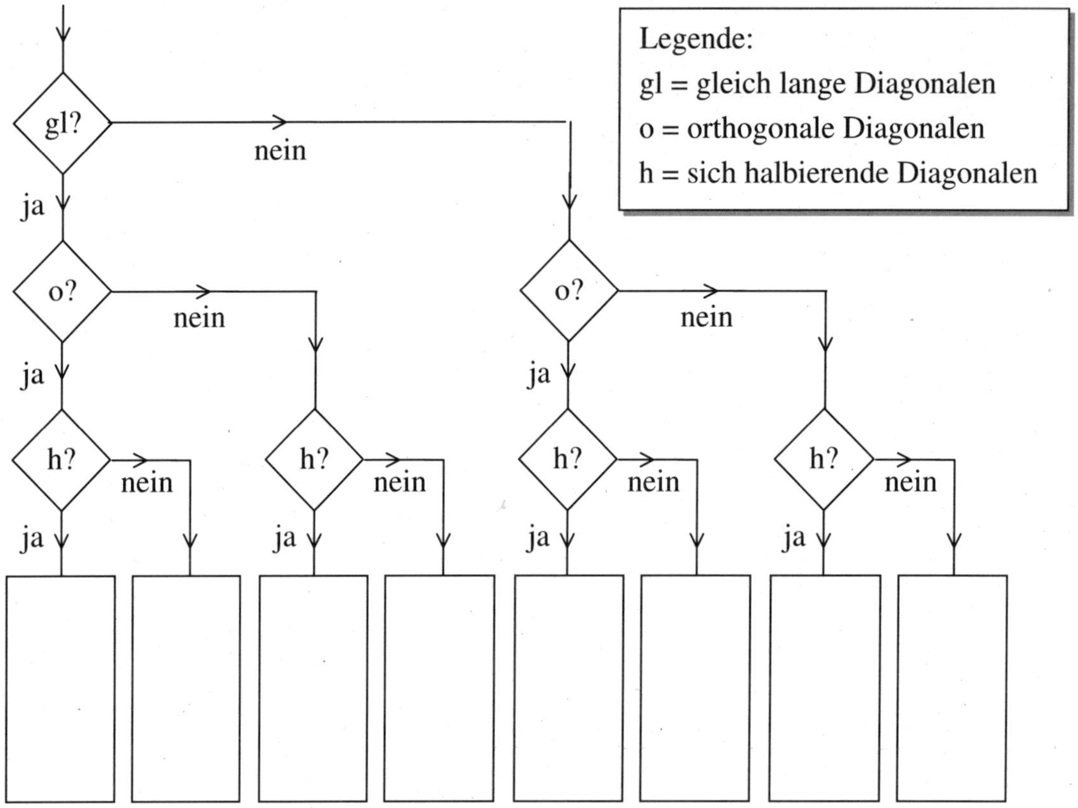

38. Nach der Anzahl der Symmetrien sortieren

a) Zeichne in alle besonderen Vierecke (Abbildungen vor Aufgabe 32) jeweils alle möglichen Symmetrieachsen und Symmetriezentren ein.

b) Erläutere am Parallelogramm, dass die Punktsymmetrie gleichzeitig eine Drehsymmetrie ist.

c) Untersuche die besonderen Vierecke auf Drehsymmetrie.

Eine Figur heißt **drehsymmetrisch**, wenn es eine Drehung mit einem Drehmaß zwischen 0° und 360° gibt, die die Figur auf sich selbst abbildet.

d) Ordne in der nachstehenden Tabelle die besonderen Vierecke nach der Anzahl ihrer Symmetrien.

Anzahl der Symmetrien	Viereck

39. **Vierecke mit Umkreis**

a) Stelle fest, welche der besonderen Vierecke einen Umkreis besitzen. Fertige jeweils eine Zeichnung an.

b) Zeige mit einem Beispiel, dass es noch andere Vierecke gibt, die einen Umkreis haben.

c) Ein Viereck, das einen Umkreis hat, heißt **Sehnenviereck**[1]. Zeichne ein Sehnenviereck aus $a = 5{,}8\,\text{cm}$, $b = 4{,}6\,\text{cm}$, $c = 5\,\text{cm}$ und $e = 6{,}6\,\text{cm}$.

40. **Vierecke mit Inkreis**

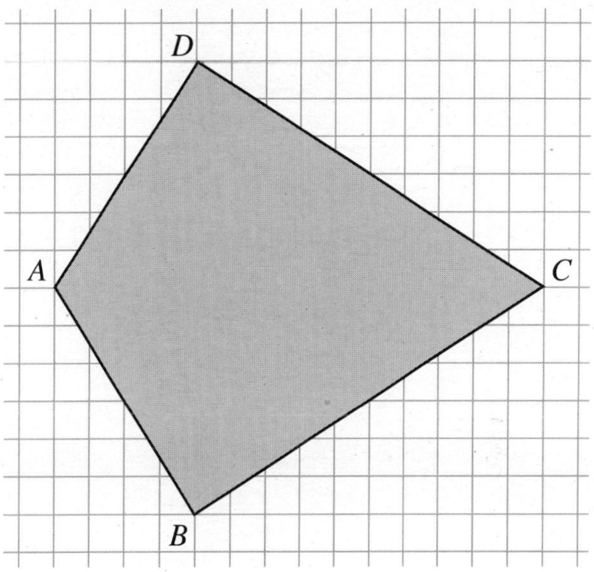

a) Begründe anhand nebenstehender Abbildung, dass ein Drachenviereck einen Inkreis hat. Erkläre, wie du den Inkreis-Mittelpunkt findest, und füge in der Zeichnung den Inkreis hinzu.

b) Welche anderen besonderen Vierecke haben ebenfalls einen Inkreis? Fertige jeweils eine Zeichnung an.

Tipp: Die Eigenschaften des Drachenvierecks werden vererbt.

c) Zeige, dass es neben den in a) und b) gefundenen Vierecken weitere gibt, die einen Inkreis haben.

d) Ein Viereck, das einen Inkreis hat, heißt **Tangentenviereck**[1]. Zeichne ein Tangentenviereck aus $a = 5\,\text{cm}$, $b = 7\,\text{cm}$, $\alpha = 110°$ und $\beta = 80°$.

41. Konstruiere in der Übersicht auf der nächsten Seite jeweils den Inkreis bzw. Umkreis.

[1] Weitere Aufgaben zum Sehnen- und Tangentenviereck findest du im Arbeitsbuch der Klassenstufe 7 auf den Seiten 231 bis 234.

Übersicht über die Vierecke mit Inkreis bzw. Umkreis

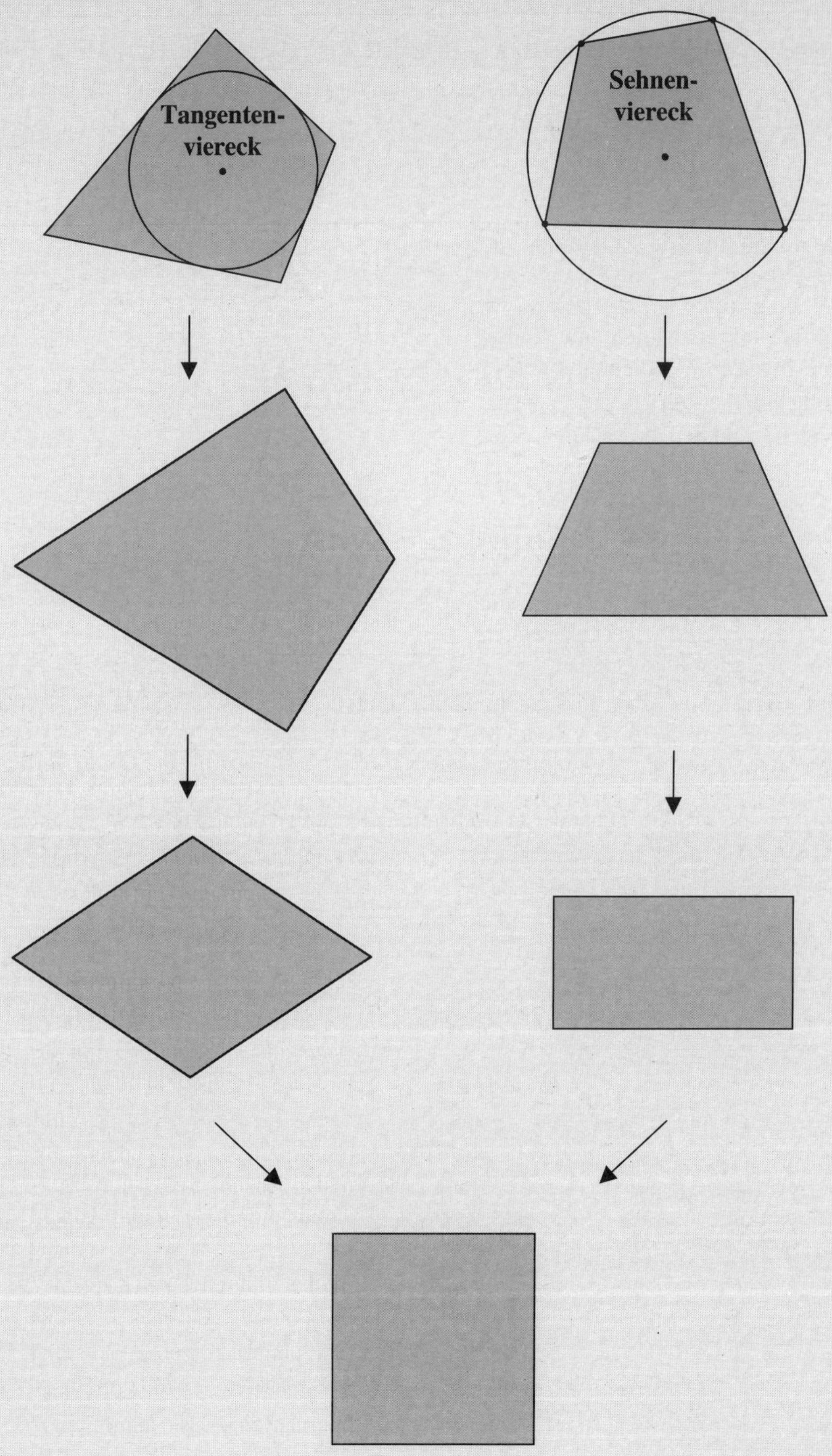

Berechnung von Flächeninhalten

42. **Flächen zerlegen**

Berechne die Flächeninhalte nachstehender Figuren, indem du sie geschickt in Dreiecke oder Rechtecke zerlegst.

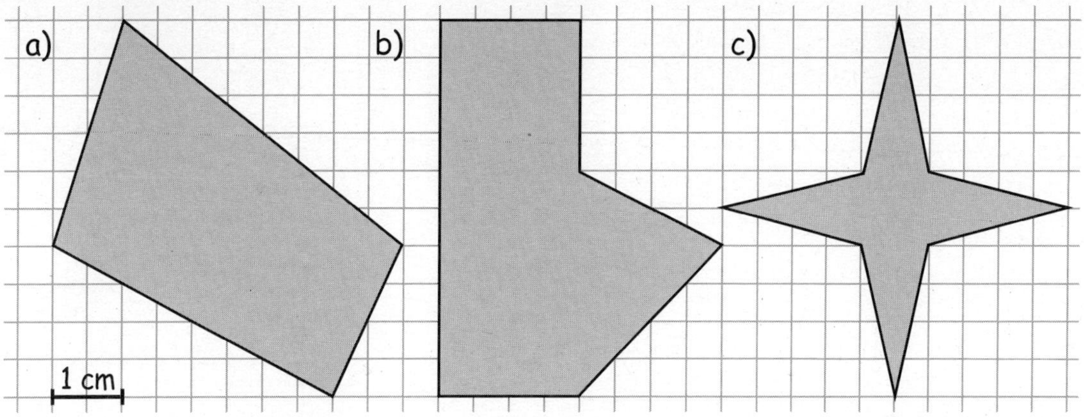

43. **Zu Rechtecken ergänzen**

Berechne die Flächeninhalte nachstehender Figuren, indem du sie zu Rechtecken ergänzt.

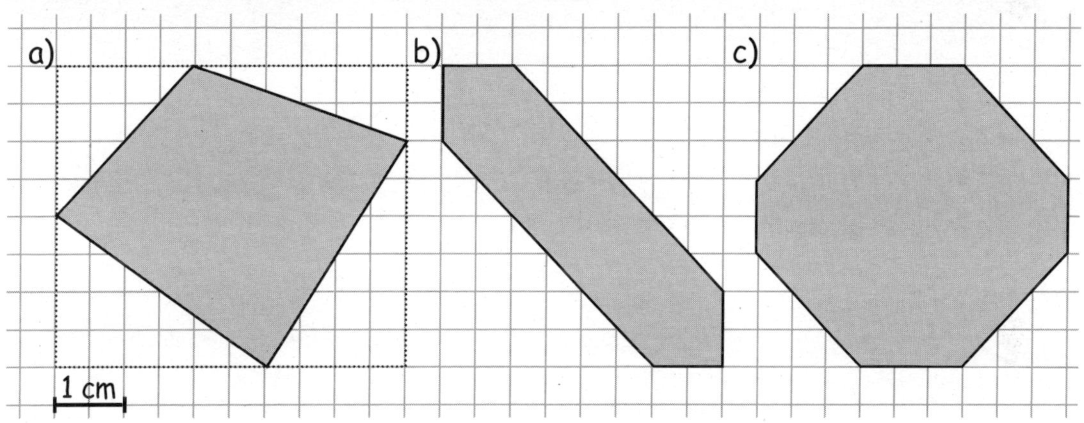

44. **Im Koordinatensystem: Zerlegen oder ergänzen**

Zeichne das Viereck *ABCD* und berechne seinen Flächeninhalt.

a) $A(0|4)$, $B(3|1)$, $C(7|3)$, $D(3|6)$. c) $A(1|1)$, $B(7|2)$, $C(3|3)$, $D(2|6)$.

b) $A(1|2)$, $B(3|1)$, $C(6|3)$, $D(2|5)$. d) $A(-3|-2)$, $B(4|-3)$, $C(2|3)$, $D(-1|2)$.

45. **Flächeninhaltsformeln**

a) Die Formeln für den Flächeninhalt des Rechtecks, des Parallelogramms und des Dreiecks kennst du bereits. Ergänze.

Rechteck	Parallelogramm	Dreieck
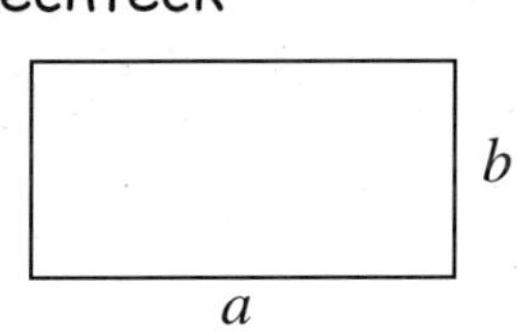	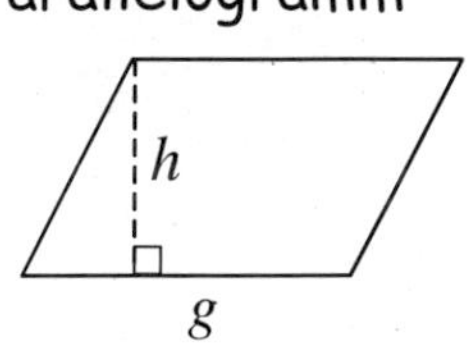	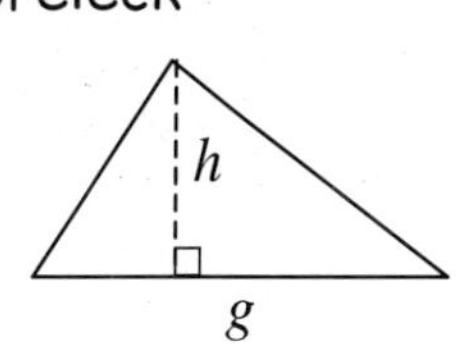
A =	A =	A =

b) Fabian, Lisa und Michael leiten eine Formel für den Flächeninhalt des Trapezes her. Sie wählen unterschiedliche Wege. Erkläre anhand der Zeichnungen die verschiedenen Vorgehensweisen und leite jeweils die Flächenformel her.

- Fabian

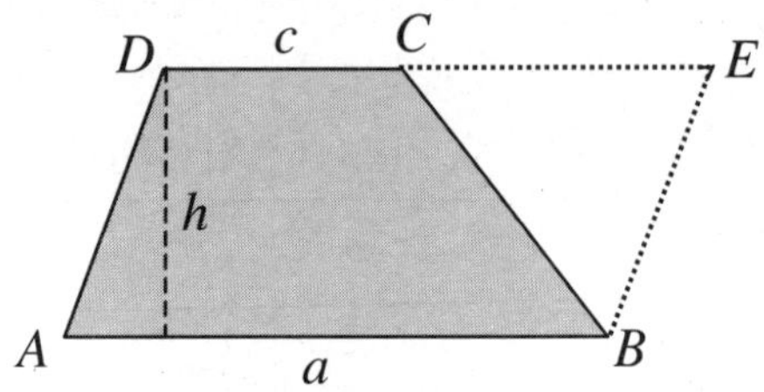

- Lisa

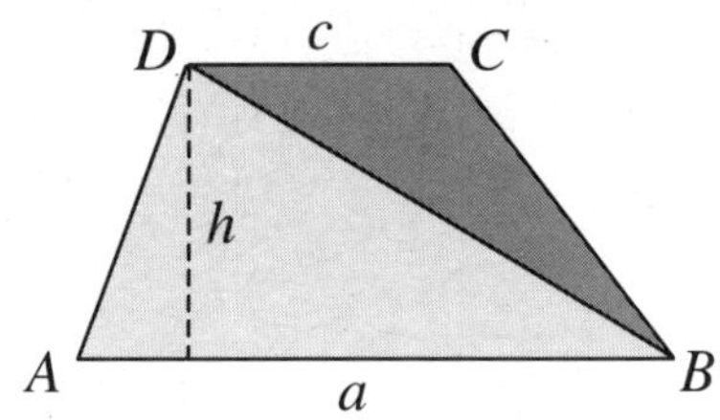

- Michael

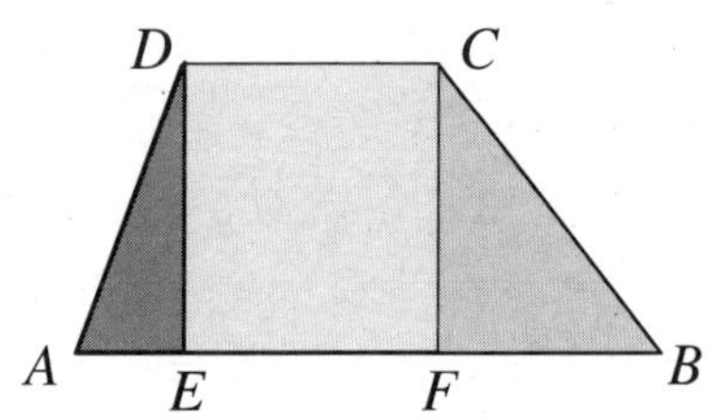

c) Leite eine Formel für den Flächeninhalt des Drachenvierecks her.

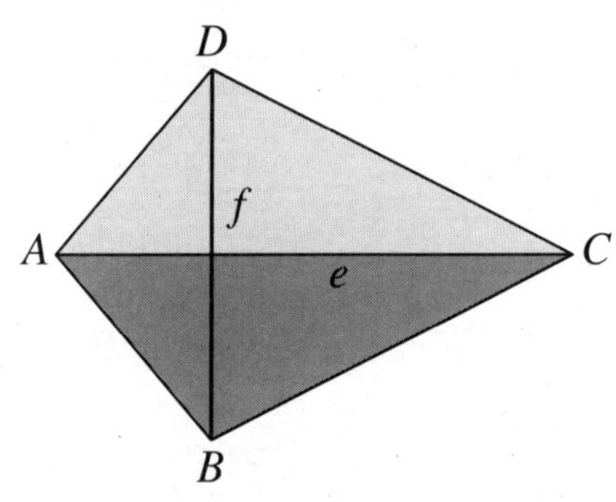

d) Vervollständige.

Trapez	Drachen	Raute
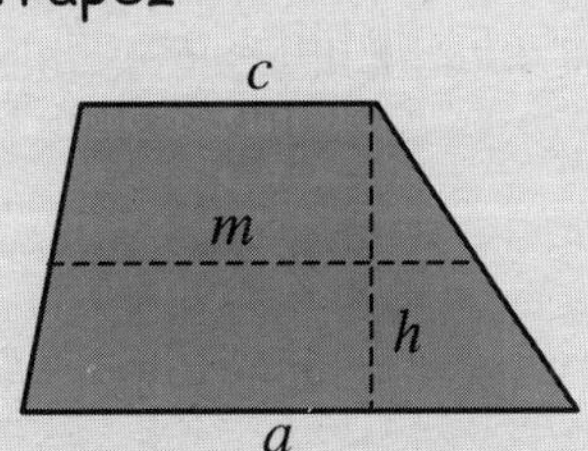	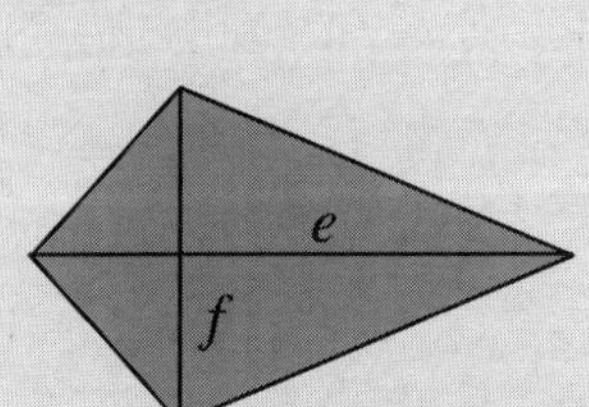	
A =	A =	A =

46. **Parallelogrammflächen**

a) Zeichne das Viereck *ABCD* mit $A(1|1)$, $B(7|4)$, $C(7|6)$ und $D(1|3)$ und begründe, dass es ein Parallelogramm ist.

b) Berechne den Flächeninhalt des Parallelogramms.

c) Miss den Abstand der parallelen Gegenseiten $\overline{AB}$ und $\overline{DC}$.

Sebastian möchte den Abstand exakt bestimmen und macht dazu den Ansatz

$$|\overline{AB}| \cdot d(\overline{AB}, \overline{DC}) = A(\square ABCD).$$

Erkläre den Ansatz und führe die Rechnung durch.

d) Sebastian verformt das Parallelogramm, indem er die Seite $\overline{AD}$ fest lässt und die Gegenseite auf der Geraden *BC* verschiebt. Die Formänderung heißt **Scherung des Parallelogramms**.

Zeichne ein Parallelogramm, das aus $\square ABCD$ durch Scherung entsteht, und vergleiche die Flächeninhalte beider Parallelogramme.

47. Berechne für ein Parallelogramm die fehlenden Stücke.

	a	b	h_a	h_b	A	U
a)	6 cm		4 cm	3 cm		
b)		7 cm	4 cm		42 cm²	
c)				6 cm	60 cm²	36 cm

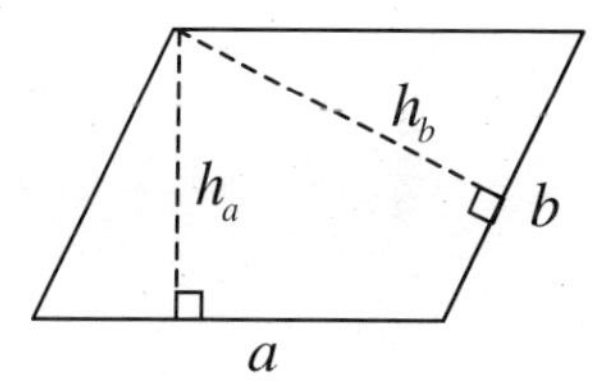

48. Vergleiche im Parallelogramm *ABCD*

a) den Flächeninhalt des Dreiecks *ABE* mit dem Flächeninhalt des Parallelogramms,

b) den Flächeninhalt der Dreiecke *ABE* und *ADF*.

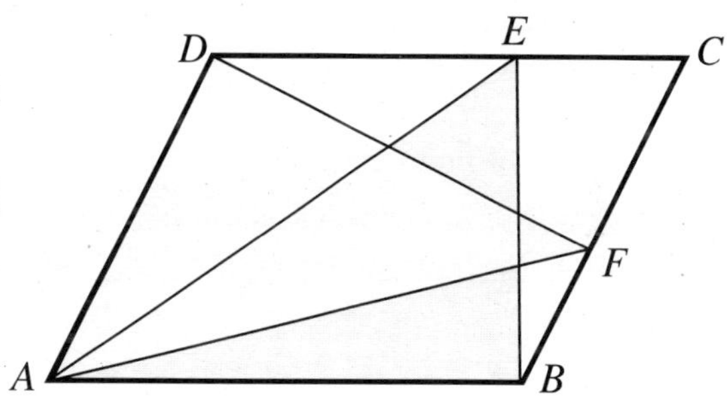

49. **Trapezflächen**

Berechne die Flächeninhalte.

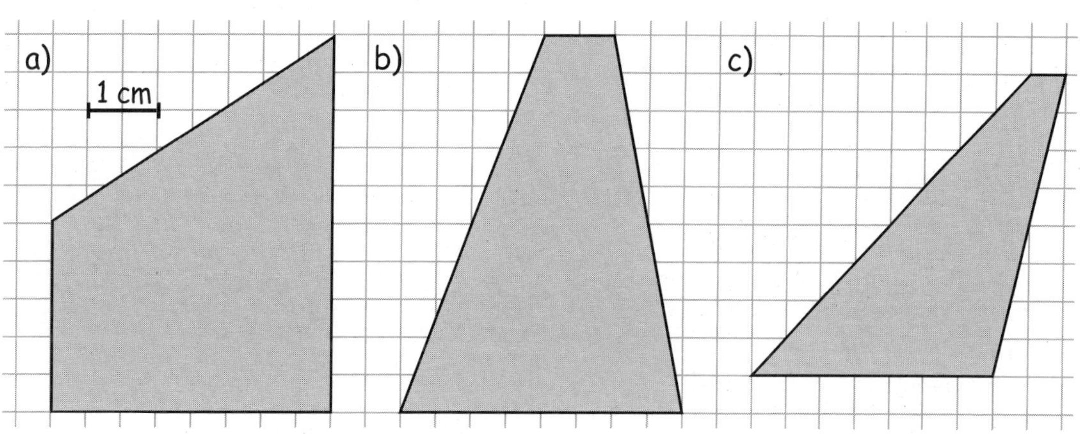

50. a) Zeichne das Viereck $ABCD$ mit $A(0|5)$, $B(5|0)$, $C(5|4)$ und $D(4|5)$ und zeige, dass es ein symmetrisches Trapez ist.
b) Berechne den Flächeninhalt des Trapezes, indem du zählst, wie oft das Einheitsquadrat in der Trapezfläche enthalten ist.
c) Berechne den Flächeninhalt mit Hilfe der Flächenformel für Trapeze.

d) Zeichne den Umkreis und gib seinen Mittelpunkt, Radius und Flächeninhalt an.
e) Wie viel Prozent der Kreisfläche überdeckt die Trapezfläche? Schätze zuerst.

51. Berechne für ein Trapez die fehlenden Stücke.

	a	c	m	h	A
a)		3,5 m	5 m	3,2 m	
b)	18 m	12 m			45 m²
c)	7 m			2,7 m	54 m²

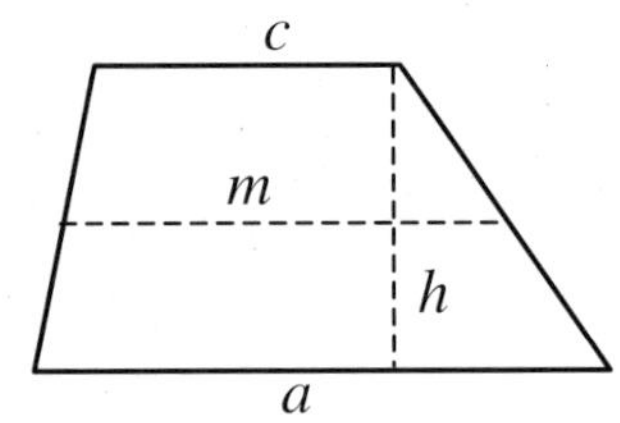

Anwendungen

52. a) Bauer Kornfeld besitzt einen trapezförmigen Acker. Die parallelen Seiten sind 278 m und 172 m lang, ihr Abstand beträgt 160 m.
Wie viel Hektar hat der Acker?
b) Im Zuge der Flurbereinigung soll Bauer Kornfeld einen gleich großen rechteckigen Acker zwischen zwei Wegen erhalten, die im Abstand von 250 m parallel zueinander verlaufen.
Wie breit muss der neue Acker sein?

Hektar:
1 ha = 100 a = 10000 m^2.

53. Der US-Bundesstaat Nevada hat fast die Form eines Trapezes.
a) Berechne einen Näherungswert für die Fläche von Nevada in km^2.
b) Vergleiche den errechneten Wert mit dem tatsächlichen Flächeninhalt (*Lexikon, Internet*).
Wie groß ist der relative Fehler?
c) Die Fläche des Saarlandes beträgt $2569\,km^2$.
Wievielmal passt das Saarland in den US-Bundesstaat?
Bemerkung: 1 mile = 1,609 km.

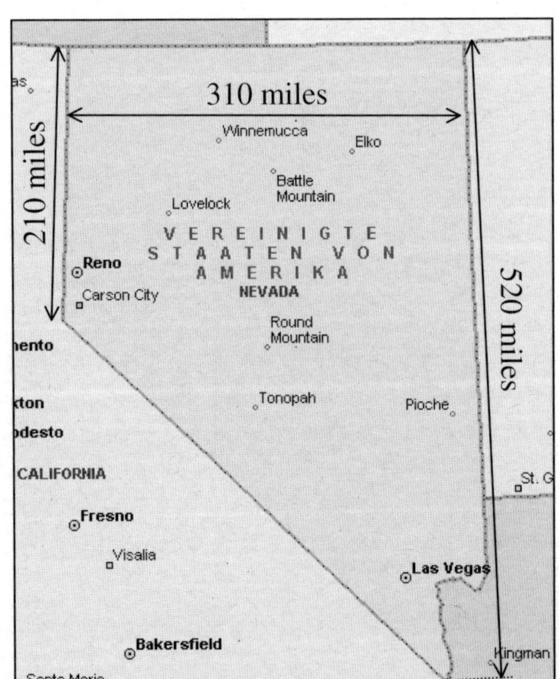

54. Nebenstehende Abbildung zeigt ein **Walmdach** mit Traufenlängen von 12,5 m und 7,2 m, einer Firstlänge von 6,5 m und einer Höhe von 3,55 m über der Traufebene. Das Dach soll neu gedeckt werden.

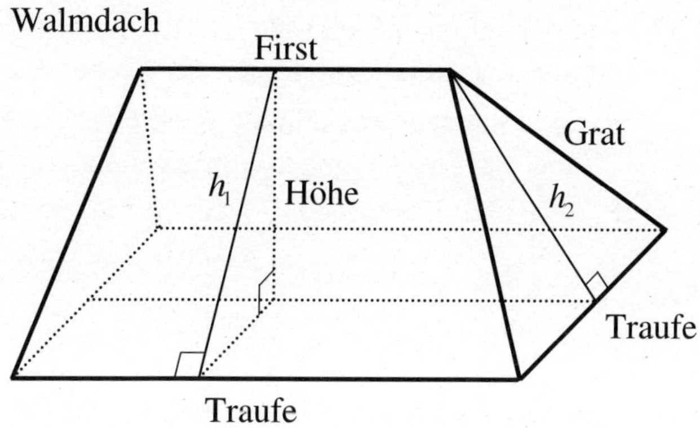

a) Berechne die Dachflächenhöhen h_1 und h_2.

b) Berechne die Dachfläche.

c) Wie viele Dachziegeln müssen gekauft werden, wenn 18 Stück/m^2 benötigt werden?

d) Wegen des Dachgrates müssen 5% der gekauften Ziegeln als Verschnitt einkalkuliert werden. Wie viel Ziegeln müssen bestellt werden?

55. Wie groß ist der Flächeninhalt des abgebildeten Wohnzimmers?

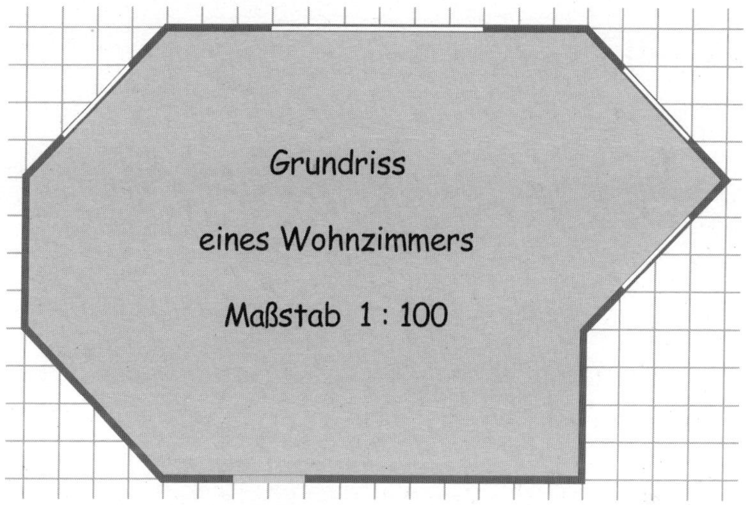

56. Berechne den Flächeninhalt der abgebildeten Werkstücke.

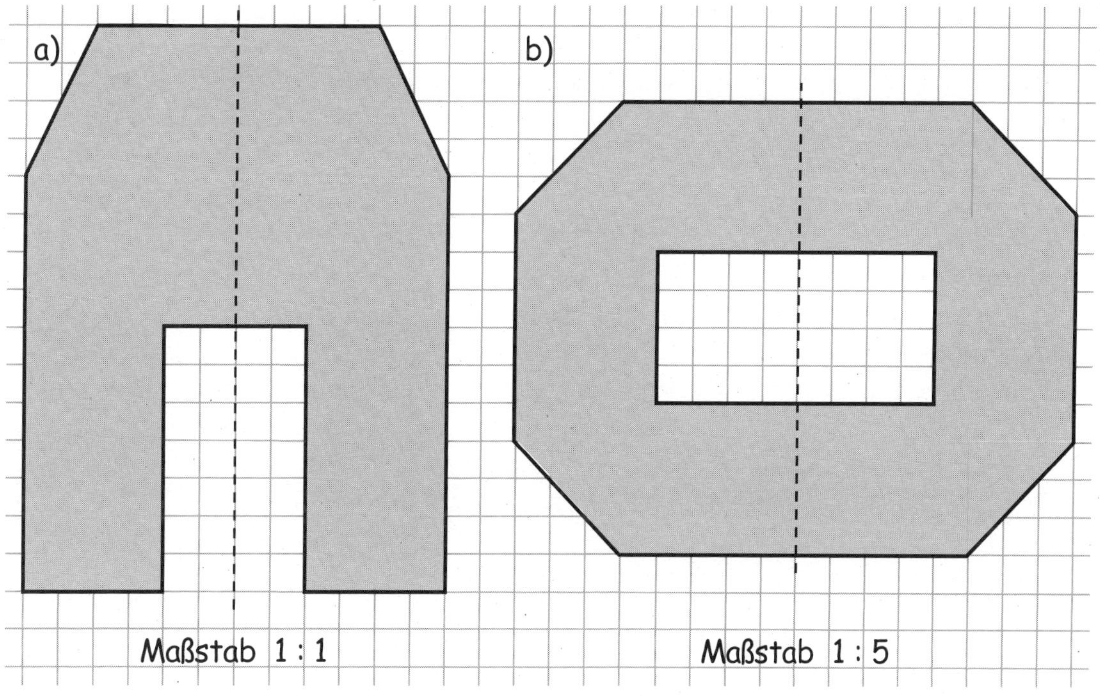

57. Die Abbildung ① zeigt ein rechtwinkliges Dreieck und ein aus der Hypotenuse und einem Hypotenusenabschnitt gebildetes Rechteck.

a) Wie entsteht das dunkel markierte Viereck in einer Abbildung aus dem dunkel markierten Viereck in der vorausgehenden Abbildung?

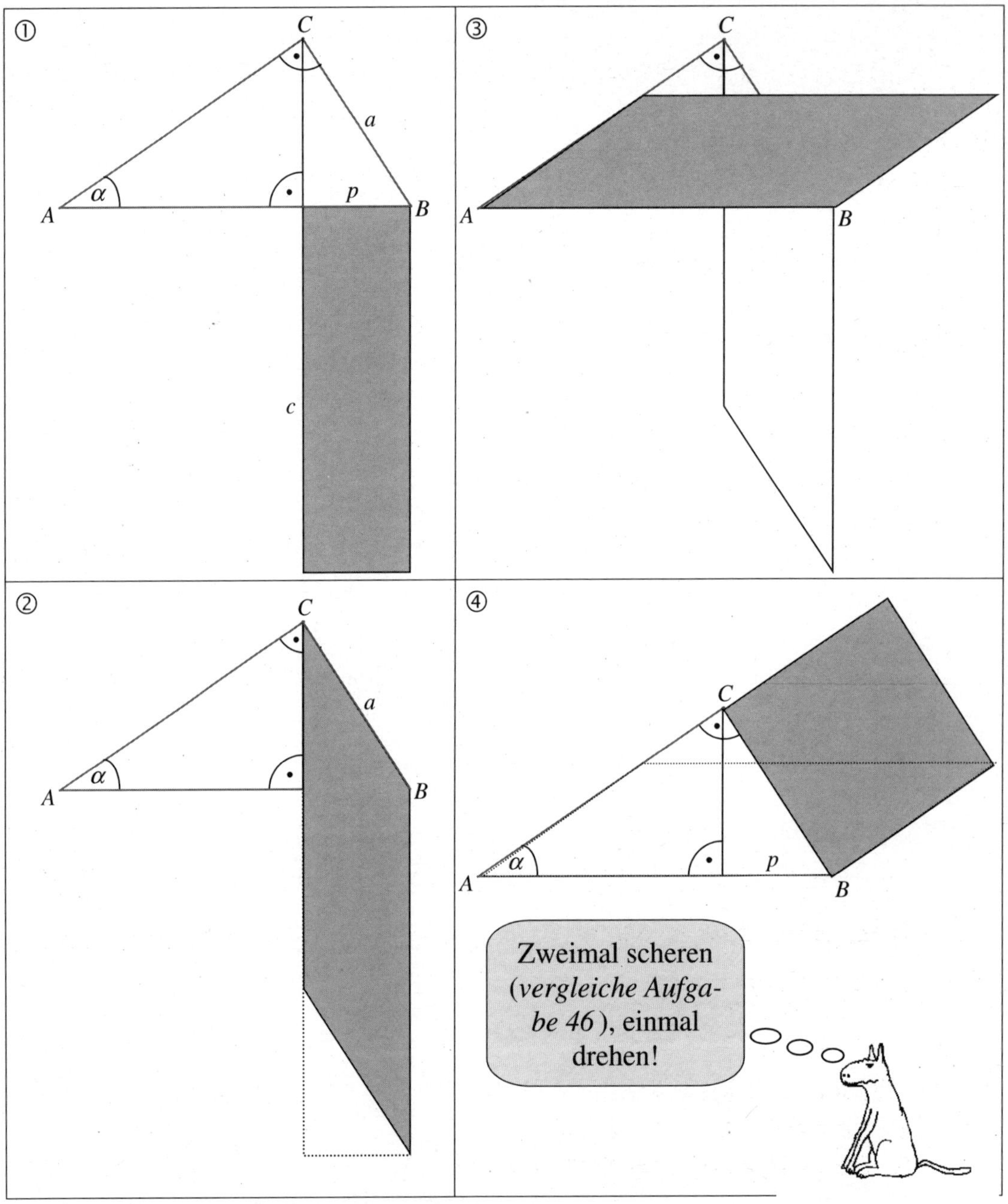

b) Beschreibe die dunkel markierten Vierecke ① - ④ und gib ihre Flächeninhalte an.

c) Welcher Zusammenhang besteht zwischen den Vierecken ① und ④ ?
Formuliere einen Satz.

Zum Weiterdenken: Leite aus dem in c) formulierten Satz den Satz des Pythagoras her.

Vierecksiehre mit Euklid DynaGeo

Um die nächsten Aufgaben bearbeiten zu können, musst du dich mit der Achsen- und Punktspiegelung gut auskennen; bearbeite hierzu die Aufgaben 13 und 15 des Medienkapitels „Euklid DynaGeo“ im Arbeitsbuch der Klassenstufe 7.

Dic im Text erwähnten *geo-Dateien* findest du unter www.softfrutti.de .

Alles parallel oder was?

1. **Das Parallelogramm**

- Konstruieren

① Zeichne ein Dreieck *ABC* (; Benennen: rechte Maustaste – BENENNEN ...)

② Zeichne den Mittelpunkt der Strecke $\overline{AC}$ ein ( ). Nenne ihn *M*.

③ Spiegele das Dreieck *ABC* am Punkt *M* ( ).

④ Bezeichne den Spiegelpunkt von *B* mit *D*. Die Punkte *A*, *B*, *C*, *D* bilden ein Viereck. Was für ein Viereck ist das? Begründe.

Untersuche, ob die gefundene Eigenschaft auch im Zugmodus erhalten bleibt.

Zeichne die Diagonale $\overline{DB}$ ein.

- Eigenschaften der Seiten und Diagonalen

Miss im Viereck *ABCD* alle vorkommenden Streckenlängen ( ). Verändere die Figur im Zugmodus.

① Vergleiche die Längen der Seiten miteinander.

② Was kannst du über die Diagonalen aussagen?

Kannst du diese Aussagen beweisen? Beachte, wie das ▱ *ABCD* entstanden ist.

- Eigenschaften der Innenwinkel

  Lade die Datei *Parallel.geo.* Verberge die Diagonalen (rechte Maustaste drücken). Miss die Innenwinkel des Vierecks ( ).

  ① Vergleiche die Maße der Innenwinkel miteinander.
  Du kannst zwei Vermutungen formulieren.

  ② Untersuche, ob diese Eigenschaften auch im Zugmodus erhalten bleiben.
  Wenn ja, beweise die Aussagen aus ①.

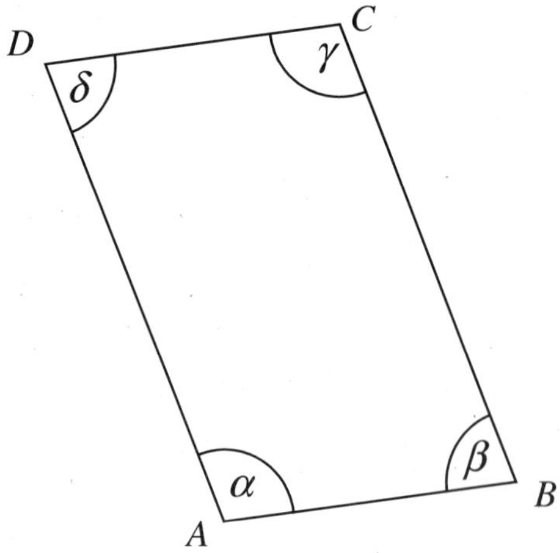

- Zusammenfassung

  Du hast insgesamt vier Eigenschaften von Parallelogrammen entdeckt und bewiesen. Ergänze.

  Eigenschaften von Parallelogrammen

  Wenn ein Viereck ein Parallelogramm ist, dann

  1.

  2.

  3.

  4.

  Formuliere die Kehraussagen und überlege, welche dieser Kehraussagen richtig sind.

2. **Punktsymmetrische Vierecke**

   ① Zeichne zwei Punkte *A* und B sowie einen dritten Punkt *Z* ( ).

   ② Konstruiere durch Spiegelung an *Z* ( ) ein Viereck *ABA'B'*. Variiere die Lage von *A*, *B* oder *Z* und beobachte die Gestalt des Vierecks. Was für ein Viereck entsteht jeweils?

   Ein punktsymmetrisches Viereck

3. **Die Raute**

- Konstruieren

  Du sollst ein Viereck mit vier gleich langen Seiten konstruieren.

  > Ein Viereck mit gleich langen Seiten heißt **Raute**.

  Die Bildfolge zeigt die Konstruktion einer Raute *ABCD*. Die Symbole zeigen dir, welche Befehle du wie oft in welcher Reihenfolge ausführen musst.

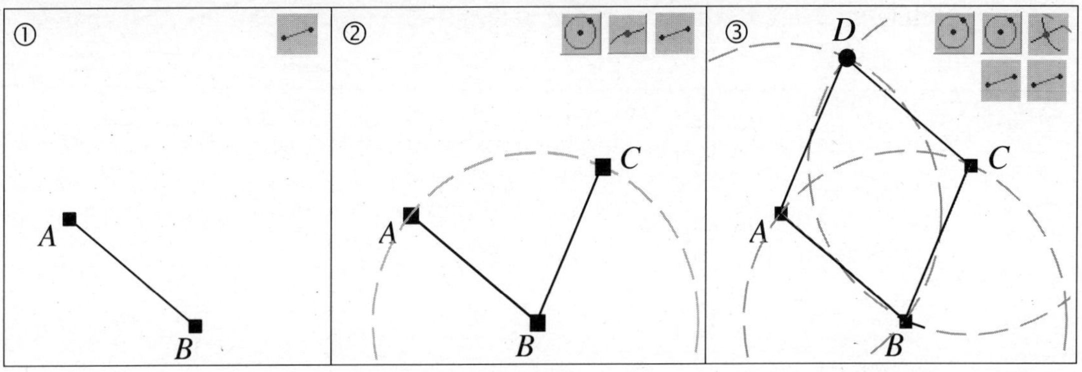

☞ Verberge die Kreislinien (rechter Mausklick auf das jeweilige Objekt – VERBERGEN).

☞ Deine Raute ist jetzt fertig. Miss die Seitenlängen. Ziehe an einem der Basispunkte (*A, B* oder *C*) und prüfe, ob deine Konstruktion korrekt ist.

- Eigenschaften der Seiten

  ① Die Seiten der Raute gleich lang. Finde eine weitere Eigenschaft.

  ② Kreuze die richtigen Aussagen an.

  ☐ Eine Raute ist ein Parallelogramm.
  ☐ Ein Parallelogramm ist eine Raute.
  ☐ Ein Quadrat ist eine Raute.
  ☐ Eine Raute ist ein Quadrat.

- Spezielle Eigenschaft der Diagonalen

  Da jede Raute ein Parallelogramm ist, übertragen sich alle Eigenschaften des Parallelogramms auch auf die Raute. Für die Diagonalen der Raute ergibt sich eine zusätzliche Eigenschaft. Finde diese.

4. **Das Trapez**

- Definition und Bezeichnungen

  Lade die Datei *Trapez.geo*. Verändere das Trapez im Zugmodus.
  Welche für das Trapez charakteristische Eigenschaft bleibt stets erhalten?

  Ein Trapez ist

  Die zueinander parallelen Seiten heißen

  die anderen

- Eigenschaft der Innenwinkel

  Miss die Innenwinkel des Trapezes und suche nach einem Zusammenhang.

- Eigenschaft der Diagonalen

  Beim Parallelogramm (das ist ja ein spezielles Trapez) halbierten sich die Diagonalen; auch beim Trapez gibt es eine charakteristische Eigenschaft der Diagonalen.

  ① Lade die Datei *Trapez.geo*. Zeichne die Diagonalen $\overline{AC}$ und $\overline{BD}$ sowie ihren Schnittpunkt M ein.

  ② Miss die Längen der Diagonalenabschnitte $\overline{AM}$, $\overline{MC}$, $\overline{BM}$ und $\overline{MD}$. Versuche, einen Zusammenhang zwischen diesen Streckenlängen zu entdecken. Beschreibe diesen Zusammenhang in Worten und durch eine Gleichung. Überprüfe deine Vermutung mit dem Termeditor ( ).

5. **Flächeninhalt von Parallelogramm und Trapez**

a) ① Lade die Datei *Dreieck.geo* ( ).

② Spiegele das Dreieck an der Mitte einer Seite.

Was für eine Figur entsteht?

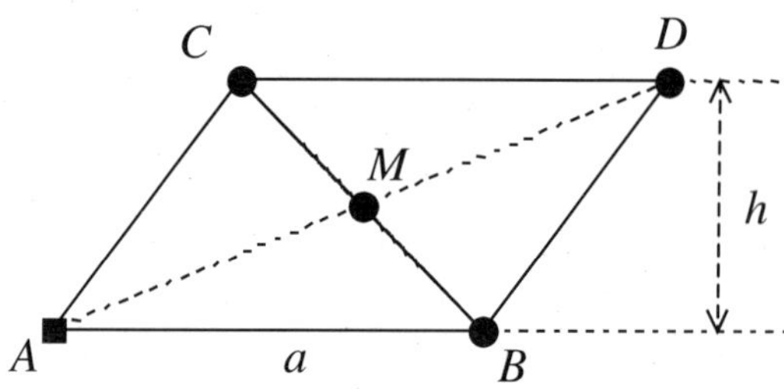

b) ① Lade die Datei *Trapez.geo*.

② Spiegele das Viereck $ABCD$ an der Mitte eines Schenkels.

Was für eine Figur entsteht?

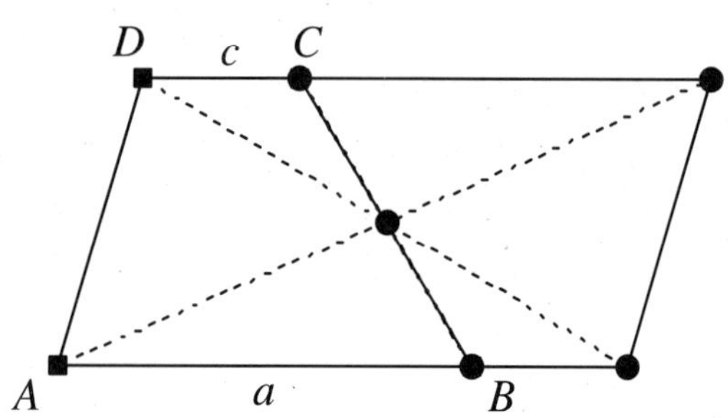

c) Den Flächeninhalt eines Dreiecks berechnen wir mit Hilfe der Formel

$$A_{\text{Dreieck}} = \frac{1}{2} \cdot \text{Grundseite} \cdot \text{zugehörige Höhe}.$$

Leite aus dieser Formel und den obigen Zeichnungen Formeln zur Berechnung des Flächeninhalts des Parallelogramms und des Trapezes her.

- $A_{\text{Parallelogramm}} =$
- $A_{\text{Trapez}} =$

Achsensymmetrische Vierecke

6. **Achsensymmetrische Vierecke erzeugen**

a) ① Zeichne eine Gerade *a* durch *P* und *Q* und eine Strecke $\overline{AB}$, die *a* nicht schneidet.

② Spiegele $\overline{AB}$ an *a* ( ). Was für ein Viereck entsteht im Allgemeinen?

③ Wie musst du die Lage von *A* bzw. *B* ändern, damit ein Rechteck bzw. ein Quadrat entsteht?

- Rechteck:
- Quadrat:

b) Ein **Drachen** ist ein Viereck, dessen Diagonalen senkrecht zueinander stehen und wenigstens eine Diagonale durch die andere halbiert wird.

① Konstruiere einen Drachen durch Achsenspiegelung. Beschreibe deine Vorgehensweise.

② Eine Raute ist ein spezieller Drachen. Worauf musst du bei der Konstruktion in ① achten, damit eine Raute entsteht?

7. **Flächeninhalt der Raute**

① Lade die Datei *Rw3eck.geo*. Es erscheint ein rechtwinkliges Dreieck mit den Katheten *x* und *y*.

Schreibe eine Formel für den Flächeninhalt des Dreiecks *PQR* in Abhängigkeit von *x* und *y* auf.

$A_{\text{rechtw. Dreieck}} =$

② Erzeuge durch Achsenspiegelungen eine Raute. Welcher Zusammenhang besteht zwischen dem Flächeninhalt des Dreiecks *PQR* und der Raute?

Schreibe eine Formel für den Flächeninhalt der Raute in Abhängigkeit der Diagonalenlängen *e* und *f* auf.

$A_{\text{Raute}} =$

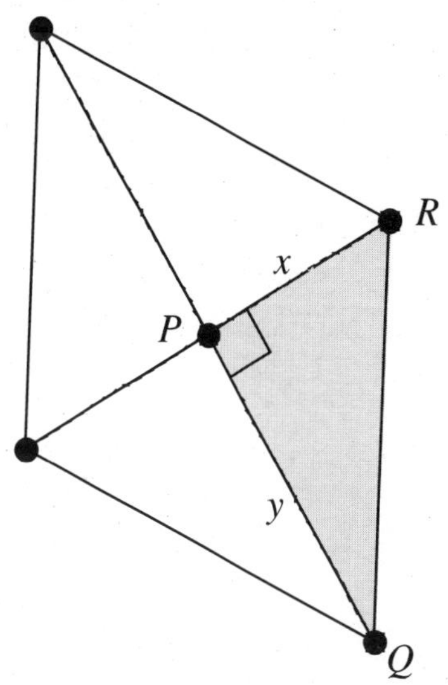

Ein Haus der Vierecke

8. **Ordnen der Vierecke**

Du sollst in der Übersicht auf der nächsten Seite alle dir bekannten Viereckstypen einordnen; dabei sollst du von den Eigenschaften der Diagonalen ausgehen.

Die Datei *Übers4eck.geo* soll dir helfen, durch Verändern der Lage der Diagonalen „Ordnung zu schaffen".

① Lade die Datei *Übers4eck.geo*. Du siehst vier Punkte A, B, C, D; die Diagonalen $\overline{AC}$ und $\overline{BD}$ sind **fett und gelb**, die Seiten des Vierecks $ABCD$ sind dünn und schwarz. Alle vier Eckpunkte sind Basispunkte und damit frei beweglich. Experimentiere mit der Figur, indem du an einem der Basispunkte ziehst.

② Ziehe die Basispunkte so, dass sich die Diagonalen $\overline{AC}$ und $\overline{BD}$ **nicht** schneiden.

Du erhältst ein sogenanntes **konkaves Viereck**. Ein solches Viereck hat eine „einspringende" Ecke; in der Abbildung ist dies C.

Mit konkaven Vierecken beschäftigen wir uns in der Schule kaum.

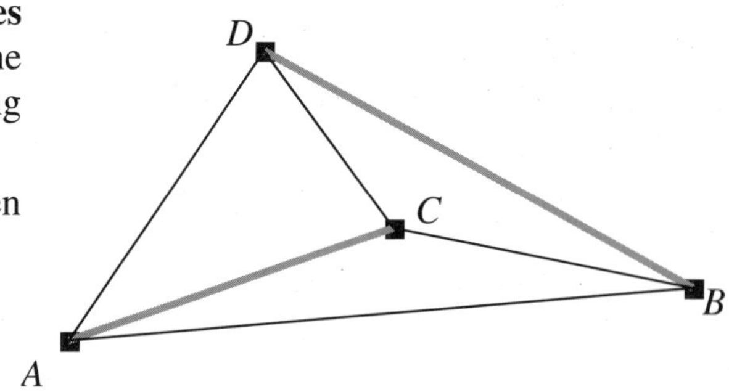

③ Ziehe die Basispunkte so, dass sich die Diagonalen $\overline{AC}$ und $\overline{BD}$ schneiden, d. h. es soll ein beliebiges sogenanntes **konvexes** Viereck entstehen.

Bei einem beliebigen konvexen Viereck werden ansonsten keine weiteren Bedingungen an die Diagonalen gestellt.

Mit einem solchen Viereck wollen wir starten.

Markiere den Schnittpunkt der Diagonalen und nenne ihn M.

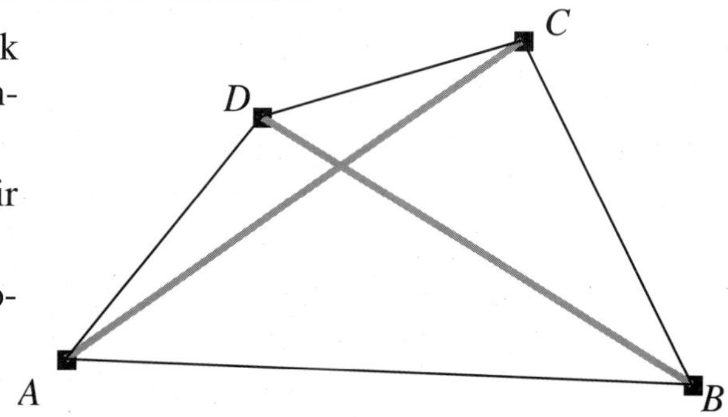

④ Du erhältst in der Übersicht einen anderen Viereckstyp, indem du von Stufe zu Stufe (von oben nach unten) neue bzw. zusätzliche Eigenschaften für die Diagonalen forderst.

Ergänze die Übersicht so, dass

- ☞ in jedem gepunkteten Rahmen der Name zur gezeichneten Figur steht,
- ☞ zu den Namen ein entsprechendes Viereck gezeichnet ist,
- ☞ in allen hellgrau unterlegten Bereichen die charakteristischen Eigenschaften der Diagonalen stehen, die zu dem jeweils benannten oder gezeichneten Viereck führen.

Übersicht über die Vierecke

beliebiges konvexes Viereck

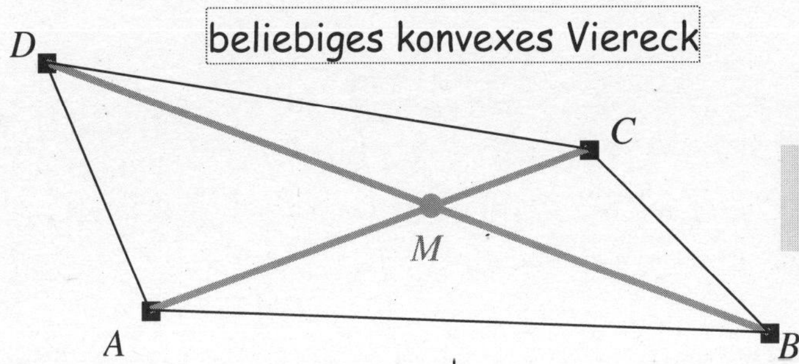

Die Diagonalen **schneiden** einander.

Bedingungen an das **Teilverhältnis** der Diagonalen

Bedingungen an den **Schnittwinkel** der Diagonalen

Trapez

Kein besonderer Name

Die Diagonalen teilen einander ...

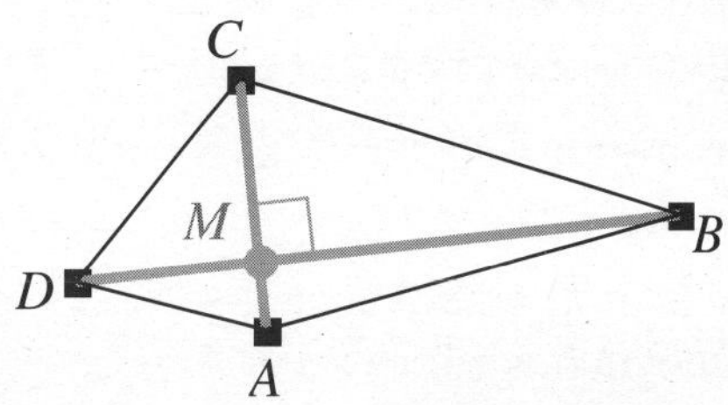

Die Diagonalen ...

Spezialfall:
Die Diagonalen

(Teilverhältnis)

Zusätzlich:

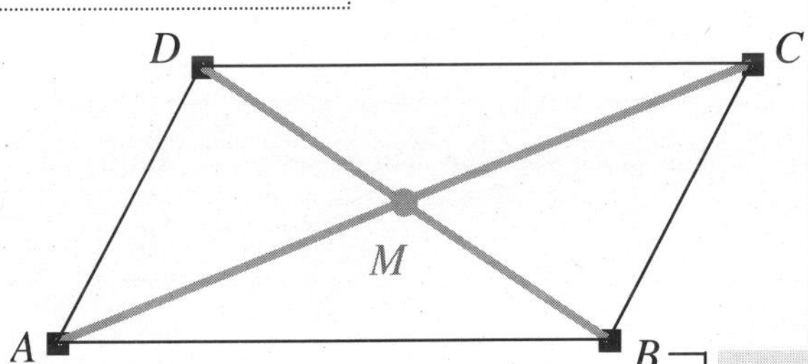

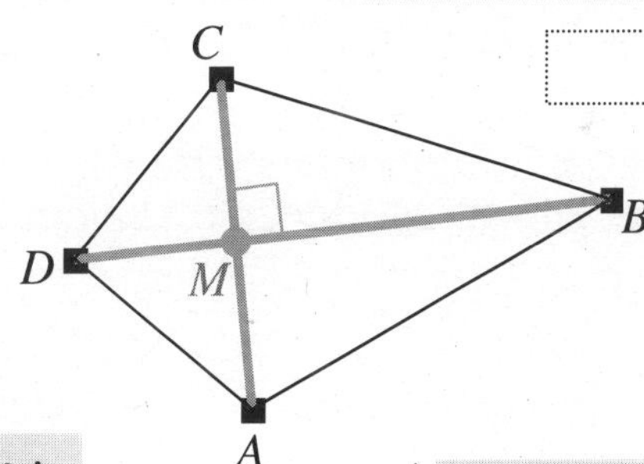

Zusätzlich:

Zusätzlich:

Zusätzlich:

Rechteck

Raute

Zusätzlich:

Zusätzlich:

Viereckskonstruktionen

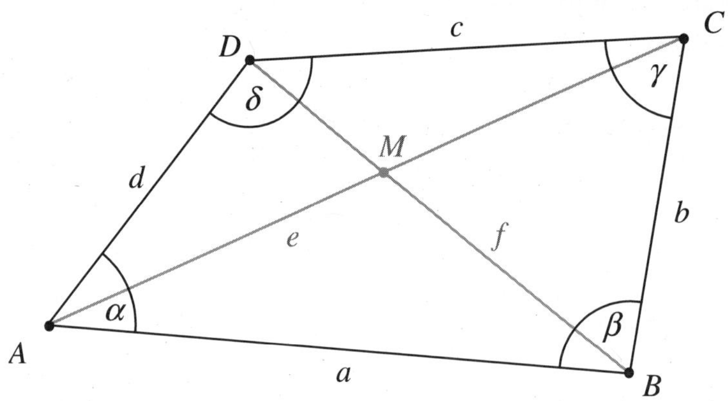

9. **Wie viele Angaben brauchen wir?**
   a) Versuche ein konvexes Viereck mit $a = 5\,\text{cm}$, $b = 3{,}8\,\text{cm}$, $\beta = 112°$ und $c = 4{,}7\,\text{cm}$ zu konstruieren.
   b) Ergänze in a) eine Angabe, so dass die Konstruktion eines beliebigen konvexen Vierecks möglich wird.
   c) Konstruiere ein Trapez mit $a = 5\,\text{cm}$, $b = 3{,}8\,\text{cm}$, $\beta = 112°$ und $c = 4{,}7\,\text{cm}$. Wieso genügen hier vier Angaben?
   d) Mit jeder **zusätzlichen** charakteristischen Eigenschaft reduziert sich die Zahl der zum Konstruieren benötigten Angaben. Ergänze die Tabelle.

Viereckstyp	besondere Eigenschaft(en)	Zahl der benötigten Angaben
bel. konvexes Viereck	keine	
Trapez		4
Parallelogramm	zusätzlich:	
Raute		
Rechteck		
Quadrat		

10. **Probieren ist nicht Konstruieren!**

Die Bildfolge zeigt die Konstruktion eines Trapezes *ABCD*, wenn die Längen *a*, *b*, *e* und das Winkelmaß α gegeben sind. Die Abbildung rechts zeigt die zugehörige Planfigur.

Die Symbole zeigen dir, welche Befehle du wie oft in welcher Reihenfolge ausführen musst.

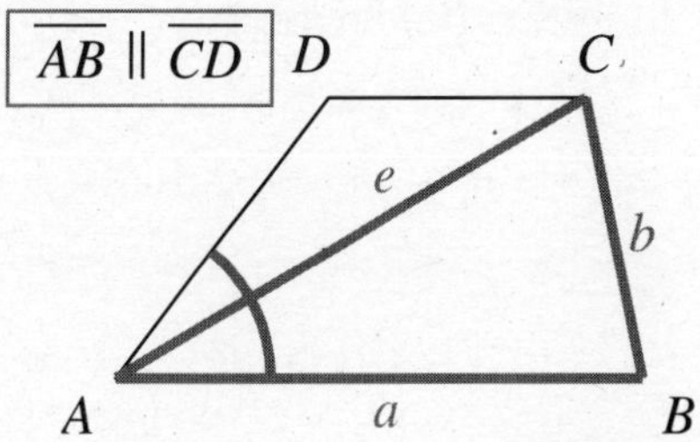

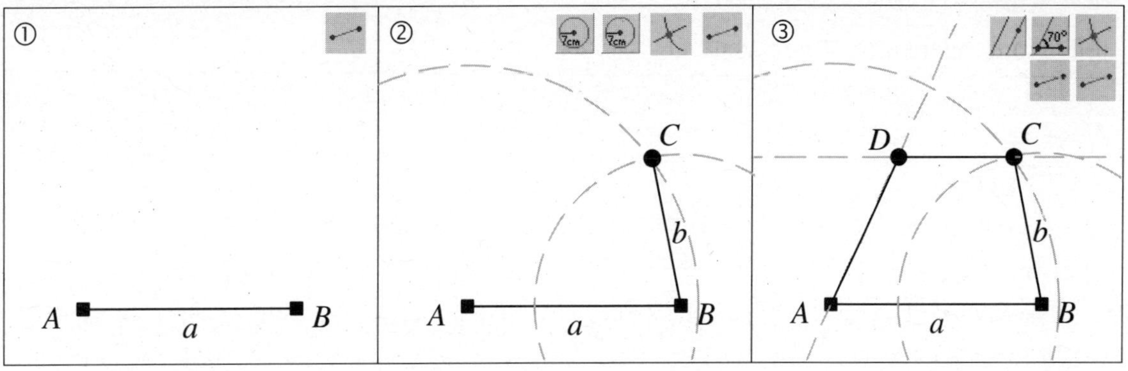

Hier sind die Hilfslinien farbig gestrichelt gezeichnet; du kannst diese Hilfslinien nach der Konstruktion auch verbergen.

Bevor du mit dem Konstruieren am Computer beginnst, solltest du dir stets überlegen, wie du vorgehen musst. Dieser **Konstruktionsplan** umfasst im Allgemeinen drei Schritte:

① Mit welcher Seite beginne ich? Müssen wir hier mit der Seite $\overline{AB}$ beginnen?

Mit dem Zeichnen der Seite hast du zwei Eckpunkte des Vierecks. Jeder der restlichen Eckpunkte ergibt sich als **Schnittpunkt zweier Linien**. Welcher?

② C ergibt sich als Schnittpunkt

- und
-

③ D ergibt sich als Schnittpunkt

- und
-

Konstruiere nun ein Trapez mit $a = 5\,\text{cm}$, $b = 3{,}8\,\text{cm}$, $c = 7\,\text{cm}$ und $\alpha = 72°$.

Vorgehensweise bei Konstruktionsaufgaben am Computer

1. Veranschauliche die gegebenen Stücke in einer Planfigur.
2. Entscheide, mit welcher Strecke du beginnst.
3. Überlege, wie sich die fehlenden Eckpunkte jeweils als Schnittpunkte zweier geeigneter Linien ergeben.
4. Konstruiere mit Euklid DynaGeo.
5. Überprüfe deine Figur im Zugmodus.

11. **Parallelogramm**
Konstruiere ein Parallelogramm aus
a) $a = 5\,\text{cm}$, $b = 3\,\text{cm}$, $\beta = 30°$.
b) $c = 7{,}2\,\text{cm}$, $d = 6\,\text{cm}$, $\gamma = 105°$.
c) $a = 4{,}1\,\text{cm}$, $e = 7{,}3\,\text{cm}$, $\beta = 135°$.
d) $c = 4{,}2\,\text{cm}$, $d = 5{,}8\,\text{cm}$, $f = 8{,}5\,\text{cm}$.
e) $a = 5\,\text{cm}$, $e = 6\,\text{cm}$, $f = 7\,\text{cm}$.
f) $e = 6{,}4\,\text{cm}$, $f = 88\,\text{mm}$, $|\sphericalangle CMD| = 45°$.

12. **Raute**
Konstruiere eine Raute aus
a) $b = 3{,}7\,\text{cm}$, $\beta = 43°$.
b) $a = 67\,\text{mm}$, $e = 8{,}4\,\text{cm}$.
c) $e = 5{,}8\,\text{cm}$, $f = 3{,}6\,\text{cm}$.

13. **Drachen**
Konstruiere einen Drachen mit Symmetrieachse AC aus
a) $a = 4{,}8\,\text{cm}$, $b = 2{,}1\,\text{cm}$, $e = 5\,\text{cm}$.
b) $c = 2{,}5\,\text{cm}$, $e = 6{,}5\,\text{cm}$, $\delta = 125°$.
c) $a = 3{,}2\,\text{cm}$, $f = 4{,}5\,\text{cm}$, $\gamma = 36°$
d) $e = 80\,\text{mm}$, $f = 3{,}8\,\text{cm}$, $\alpha = 48°$

14. **Trapez**
Konstruiere ein Trapez mit Grundseite $\overline{AB}$ aus
a) $a = 5{,}2\,\text{cm}$, $b = 3{,}9\,\text{cm}$, $\alpha = 66°$, $\beta = 73°$.
b) $a = 5{,}2\,\text{cm}$, $d = 2{,}7\,\text{cm}$, $e = 6\,\text{cm}$, $f = 5{,}1\,\text{cm}$.
c) $d = 4{,}4\,\text{cm}$, $e = 5{,}5\,\text{cm}$, $f = 6{,}1\,\text{cm}$, $\alpha = 46°$.
d) $a = 5{,}3\,\text{cm}$, $b = 2{,}9\,\text{cm}$, $d(AB, CD) = 34\,\text{mm}$, $\beta = 77°$.

15. **Beliebiges Viereck**
Konstruiere ein Viereck aus
a) $a = 3\,\text{cm}$, $b = 4{,}1\,\text{cm}$, $c = 4{,}6\,\text{cm}$, $d = 5{,}4\,\text{cm}$, $\alpha = 102°$.
b) $a = 4{,}8\,\text{cm}$, $b = 5{,}5\,\text{cm}$, $c = 4{,}6\,\text{cm}$, $d = 3{,}2\,\text{cm}$, $e = 6{,}5\,\text{cm}$.
c) $a = 3{,}3\,\text{cm}$, $e = 4{,}5\,\text{cm}$, $c = 3{,}5\,\text{cm}$, $\beta = 111°$, $|\sphericalangle DCA| = 29°$.

16. **Unmögliche Konstruktionen?**
Begründe jeweils, warum mit diesen Angaben kein Viereck konstruiert werden kann. Ändere eine Angabe so, dass eine Konstruktion möglich ist.
a) Konvexes Viereck mit $a = 6{,}5\,\text{cm}$, $c = 4{,}1\,\text{cm}$, $d = 5{,}7\,\text{cm}$, $e = 7{,}9\,\text{cm}$, $\delta = 71°$.
b) Parallelogramm mit $e = 44\,\text{mm}$, $f = 66\,\text{mm}$, $\alpha = 42°$.
c) Raute mit $a = 4\,\text{cm}$, $\alpha = 58°$, $\beta = 92°$.
d) Drachen mit $a = 6{,}3\,\text{cm}$, $b = 3{,}2\,\text{cm}$, $c = 2{,}3\,\text{cm}$.

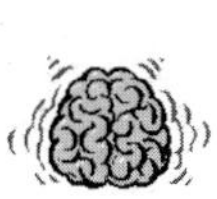

17. *Zum Knobeln*
Ein Viereck besitzt die Winkel $\alpha = 117°$ und $\beta = \delta = 54°$. Kann das Viereck ein Parallelogramm (ein Drachen, ein gleichschenkliges Trapez) sein? Konstruiere die möglichen Fälle. Ist die Konstruktion eindeutig?

8

Lineares Optimieren

Systeme linearer Ungleichungen

1. Betrachte die nebenstehende **lineare Ungleichung mit zwei Variablen**.

$$2x+3y \leq 12$$

   a) Bestimme mindestens zehn Lösungen der Ungleichung und veranschauliche sie in dem vorbereiteten Koordinatensystem.

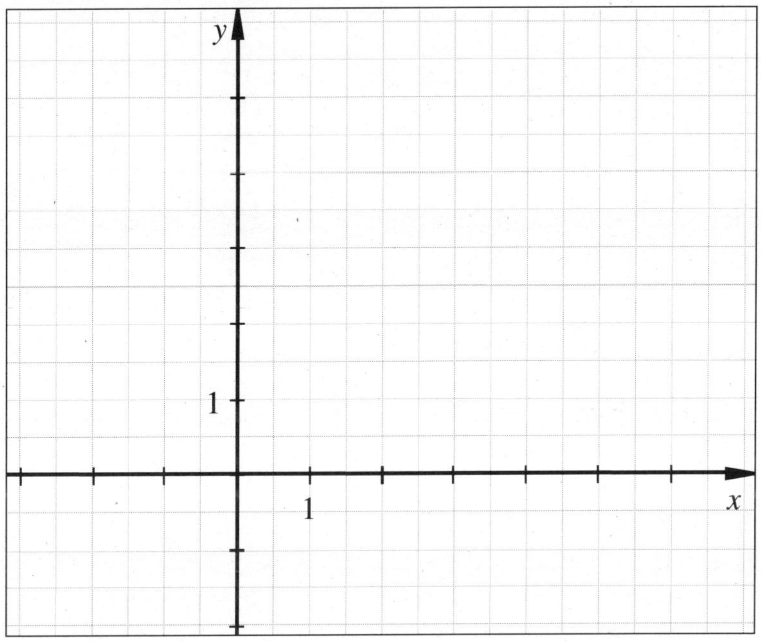

   b) Pascal möchte die Lösungsmenge der Ungleichung grafisch darstellen: Er löst die Ungleichung nach y auf, betrachtet die zugehörige Gleichung und zeichnet deren Lösungsmenge.

   Jetzt ist es nicht mehr schwer, die Lösungsmenge der Ungleichung zu zeichnen.

   - Nach y aufgelöste Ungleichung:
   - Die zugehörige Gleichung:

   c) Stelle auch die Lösungsmenge von $2x+3y \geq 12$ in dem vorbereiteten Koordinatensystem dar.

   d) Wodurch unterscheiden sich die Lösungsmengen von $2x+3y > 12$ und $2x+3y \geq 12$?

- Die Lösungsmenge von $y \leq mx+n$ ist die Halbebene **unter** der Geraden mit der Gleichung $y = mx+n$ einschließlich der Geraden.
- Die Lösungsmenge von $y \geq mx+n$ ist die Halbebene **über** der Geraden mit der Gleichung $y = mx+n$ einschließlich der Geraden.

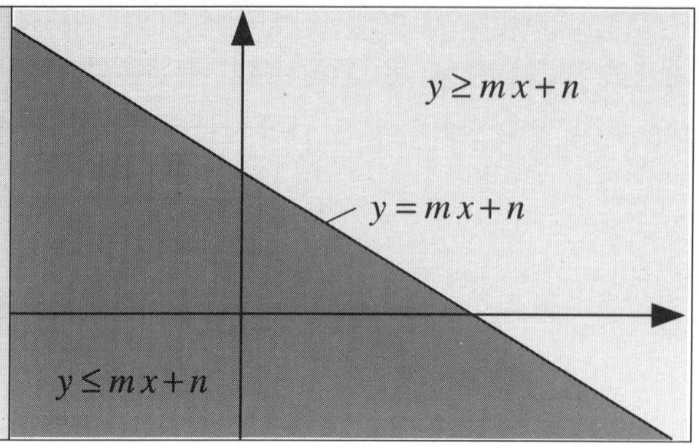

2. Stelle die Lösungsmenge grafisch dar.

a) $y \leq -\frac{1}{2}x+3$	c) $y-x \geq 1$	e) $5x+4y \leq 16$
b) $y \leq 2x+3$	d) $2y \geq -3x+6$	f) $2x-3y \leq 4$

3. **Sonderfälle**

Fasse die Ungleichungen als lineare Ungleichungen mit zwei Variablen auf und löse sie zeichnerisch.

$y \leq 3$	$x \leq 4$	$y \geq -1$	$x \geq 1$

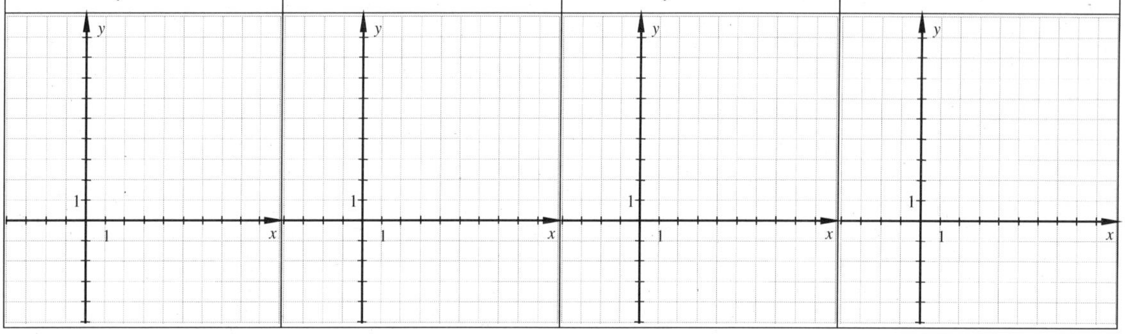

4. Willi löst nebenstehende Ungleichung wie folgt: Er zeichnet die Gerade durch die Punkte $(5|0)$ und $(0|-3)$ und schraffiert wegen des $\leq$-Zeichens die Halbebene unter der Geraden.

Prüfe, ob sein Weg richtig ist, und korrigiere ihn gegebenenfalls.

$$\frac{x}{5} - \frac{y}{3} \leq 1$$

5. Betrachte das nebenstehende **System linearer Ungleichungen mit zwei Variablen**.

$$\begin{cases} y \geq x-1 \\ y \leq -\frac{2}{3}x+4 \end{cases}$$

a) Bestimme mindestens fünf Lösungen des Ungleichungssystems und trage sie in das vorbereitete Koordinatensystem ein.

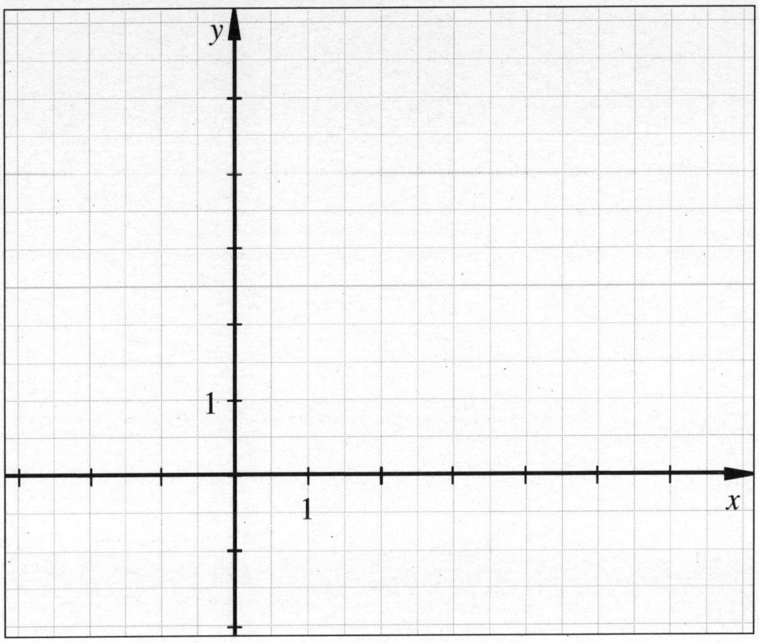

b) Zeichne die Lösungsmengen der beiden Ungleichungen mit Buntstiften in das Koordinatensystem. Finde nun die Lösungsmenge des Ungleichungssystems.

c) Finde die Lösungsmengen von

① $\begin{cases} y \leq x-1 \\ y \leq -\frac{2}{3}x+4 \end{cases}$, ② $\begin{cases} y \leq x-1 \\ y \geq -\frac{2}{3}x+4 \end{cases}$, ③ $\begin{cases} y \geq x-1 \\ y \geq -\frac{2}{3}x+4 \end{cases}$.

Kennzeichne das jeweilige Gebiet mit der Nummer des Systems und mache eine Punktprobe.

6. Löse die Ungleichungssysteme zeichnerisch.

a) $\begin{cases} y \geq x \\ x \leq 2 \end{cases}$

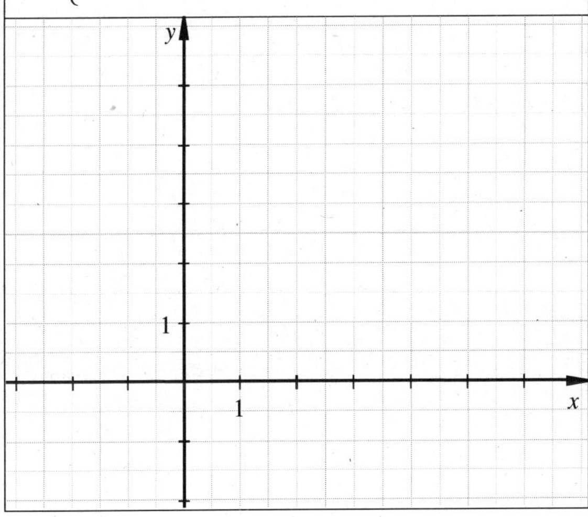

c) $\begin{cases} y \geq 0 \\ y \leq 2-x \end{cases}$

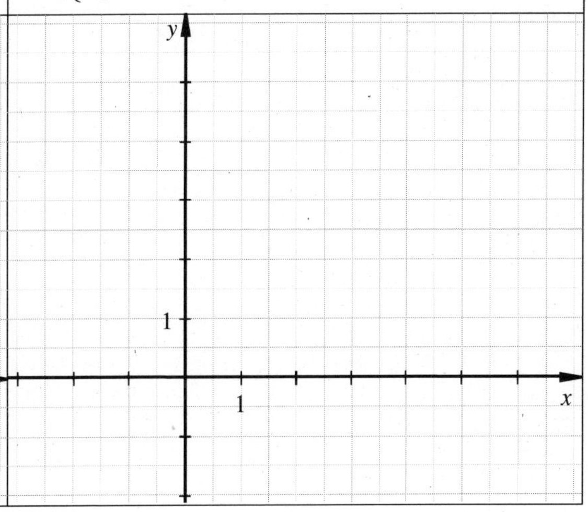

b) $\begin{cases} -x+3y \geq 3 \\ 2x-y \geq -1 \end{cases}$

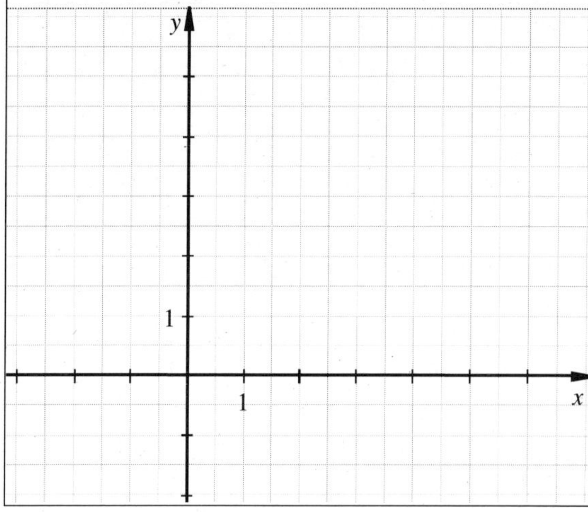

d) $\begin{cases} 2y \geq x+4 \\ x-2y \leq 2 \end{cases}$

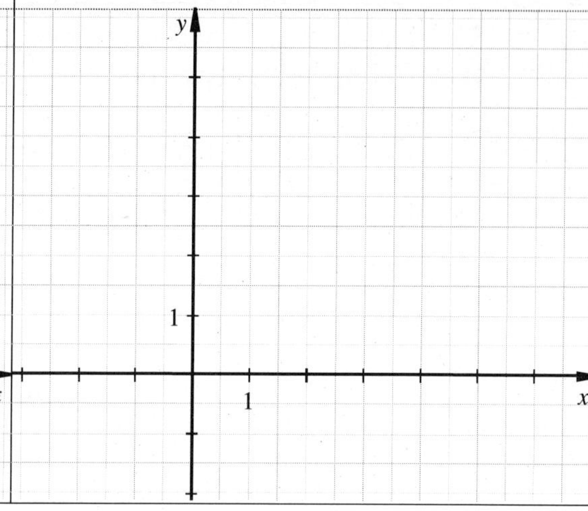

7. Löse die Ungleichungssysteme zeichnerisch und gib die Eckpunkte der Lösungsgebiete an.

a) $\begin{cases} y \geq -x+2 \\ 5y \leq 2x+10 \\ 4x-3y \leq 8 \end{cases}$ c) $\begin{cases} x \leq 8 \\ y \leq 6 \\ 2y \geq x \\ x+y \geq 6 \end{cases}$ e) $\begin{cases} x \geq 0 \\ y \geq 0 \\ y \leq 5 \\ x+y \leq 8 \\ 2x-3y \leq 6 \end{cases}$

b) $\begin{cases} x \geq 0 \\ y \geq 0 \\ x+y \leq 6 \\ x+3y \leq 12 \end{cases}$ d) $\begin{cases} x \geq 0 \\ -x+y \leq 2 \\ x-2y \leq 2 \\ x+2y \leq 10 \end{cases}$ f) $\begin{cases} x \leq 6 \\ 2x+y \geq 4 \\ x-4y \leq 2 \\ -x+y \leq 4 \\ 2x+3y \leq 27 \end{cases}$

8. **Mit oder ohne Rand**

Löse das Ungleichungssystem grafisch. Gehört eine Randgerade zur Lösungsmenge, so zeichne sie durchgezogen, wenn nicht, dann strichele sie.

a) $\begin{cases} 1 \leq x \leq 6 \\ 1 < y \leq 4 \end{cases}$ b) $\begin{cases} x \leq 3 \\ y \geq -2 \\ y < x \end{cases}$ c) $\begin{cases} x > -1 \\ y \leq 2 \\ x+y > -1 \\ 2x-y \leq 4 \end{cases}$

9. Beschreibe die dunkel unterlegten Flächen durch Ungleichungssysteme.

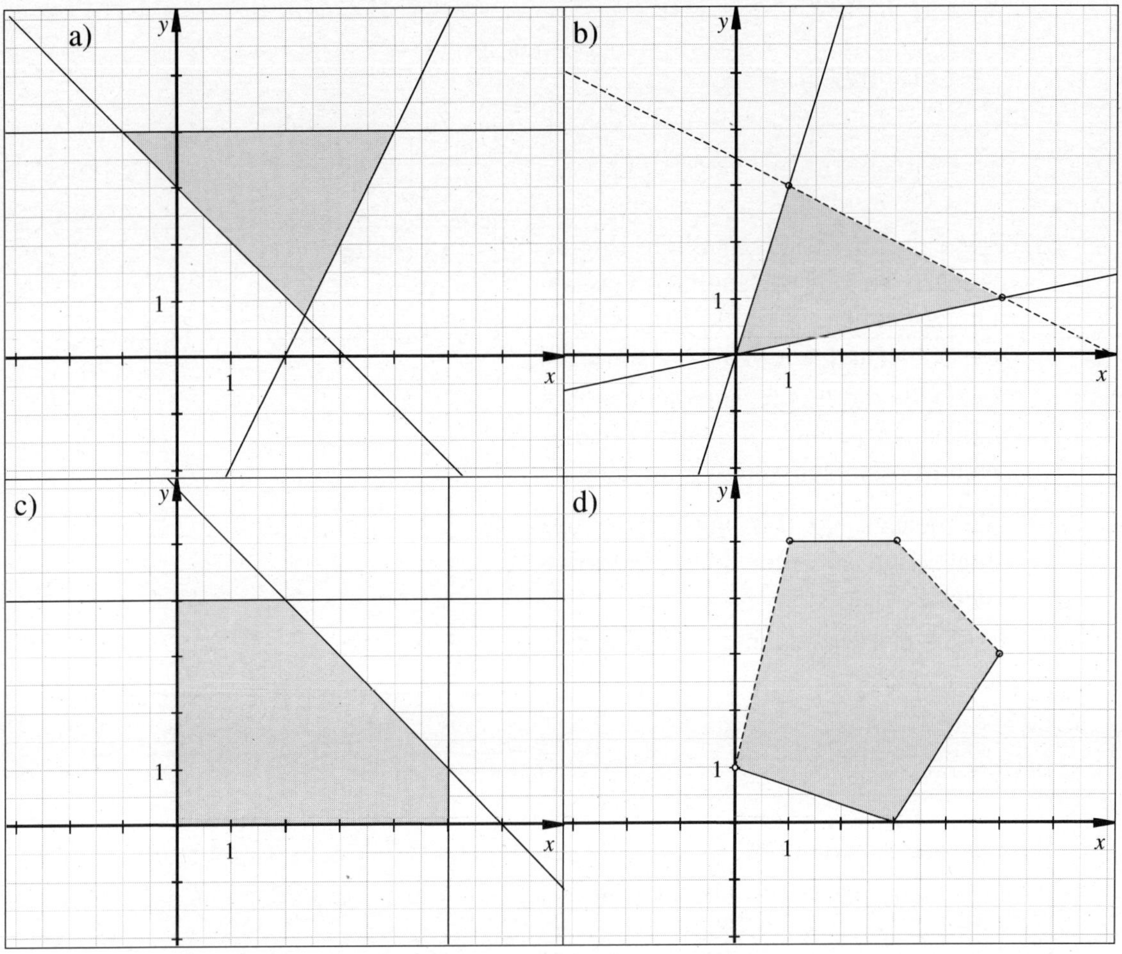

10. Ein Landwirt möchte neben der Viehhaltung Weizen und Kartoffeln anbauen. Dabei sind einige Bedingungen zu beachten.

① Es stehen höchstens 60 ha Ackerfläche zur Verfügung.

② Wegen der Marktlage sollen nicht mehr als 40 ha Weizen angebaut werden.

③ Bei Weizen beträgt der Arbeitsaufwand $7\frac{\text{h}}{\text{ha}}$ und bei Kartoffeln $21\frac{\text{h}}{\text{ha}}$. Der Landwirt kann höchstens 840 Arbeitsstunden pro Jahr für den Getreide- und Kartoffelanbau aufwenden.

a) Der Landwirt plant, 20 ha Weizen und 35 ha Kartoffeln anzubauen. Prüfe, ob die Bedingungen ① - ③ erfüllt sind.

b) Mache dem Landwirt einen Vorschlag, der die Bedingungen erfüllt.

c) Übersetze die Bedingungen in Ungleichungen.

- Variablen festlegen:

  x =

  y =

- Bedingung ①:

- Bedingung ②:
- Bedingung ③:

d) Fasse die in c) aufgestellten Ungleichungen zu einem Ungleichungssystem zusammen. Füge die Ungleichungen $x \geq 0$ und $y \geq 0$ hinzu (warum?) und stelle die Lösungsmenge des Ungleichungssystems in dem vorbereiteten Koordinatensystem grafisch dar.

e) Wir nennen die Lösungsmenge des Ungleichungssystems ein **Planungsvieleck**.

Erkläre den Namen und gib die Ecken des Vielecks an.

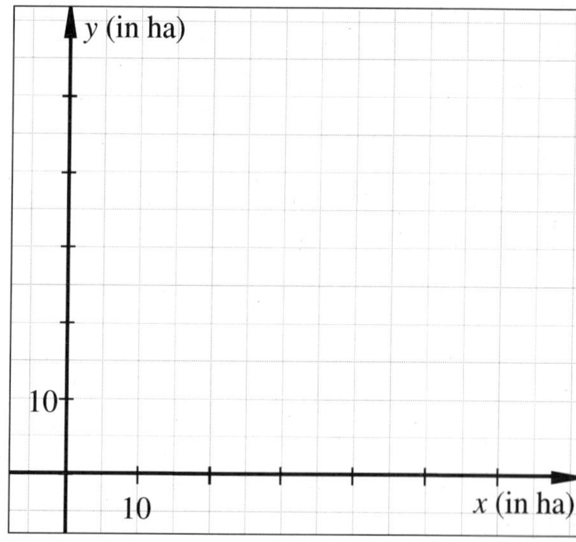

11. Susanne sucht Ferienjobs. Sie möchte pro Woche mindestens 150 € verdienen. Sie kann in einem Supermarkt aushelfen (Verdienst: $7{,}5\frac{€}{\text{h}}$) oder bei ihrem Vater im Büro arbeiten (Verdienst: $6\frac{€}{\text{h}}$). Insgesamt möchte sie höchstens 30 Stunden pro Woche arbeiten.

a) Sind die Bedingungen erfüllt, wenn Susanne
- 10 h im Supermarkt und 15 h im Büro arbeitet,
- 8 h im Supermarkt und 12 h im Büro arbeitet,
- 16 h im Supermarkt und 5 h im Büro arbeitet?

b) Übersetze die Bedingungen in ein Ungleichungssystem und zeichne das Planungsvieleck. (Maßstab auf beiden Achsen: 1 cm entspricht 5 h .)

Lineare Funktionen mit zwei Variablen

12. Betrachte die Funktion f, die jedem Punkt $(x|y)$ der Koordinatenebene das arithmetische Mittel seiner Koordinaten zuordnet.

a) Ergänze.

- $(10|4) \mapsto$
- $(-5|7) \mapsto$
- $(\frac{2}{3}|\frac{1}{3}) \mapsto$

b) Der Funktionswert im Punkt $(x|y)$ wird mit $f(x, y)$ bezeichnet. Berechne.

- $f(6, 0) =$
- $f(-5, 11) =$
- $f(-5, 5) =$
- $f(\frac{3}{2}, 1) =$
- $f(1, 1) =$
- $f(x, y) =$

c) Berechne die Funktionswerte in den Punkten

$$(-3|9),\ (7|-1),\ (1|5),\ (4|2),\ (3|3),\ (4{,}8|1{,}2).$$

Was fällt auf?

-
-
-
-
-
-

d) Bestimme die Menge aller Punkte $(x|y)$ mit $f(x, y) = 2$. Zeichne die Punktmenge in das vorbereitete Koordinatensystem.

$f(x, y) = 2$

$\Leftrightarrow$

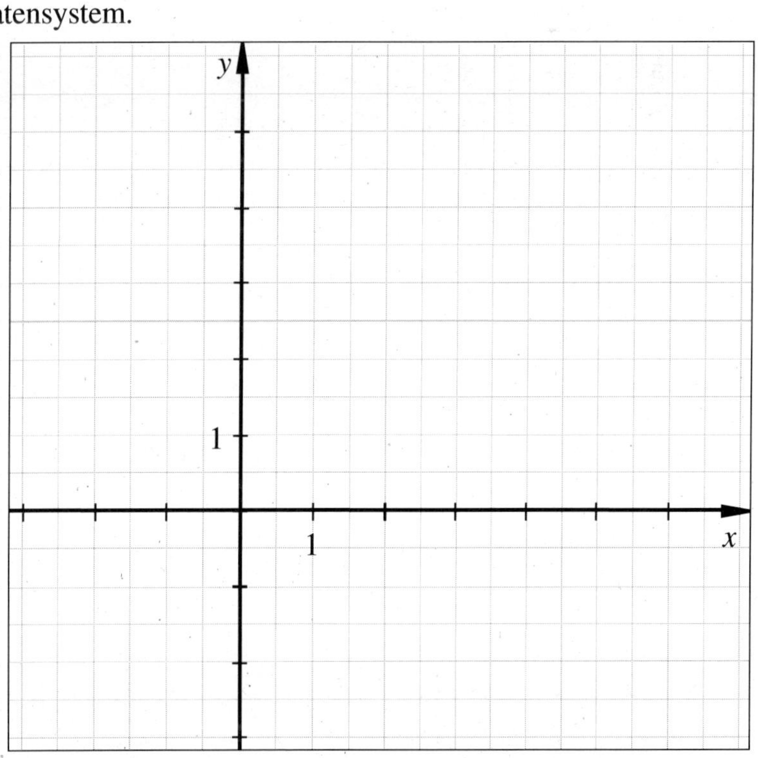

e) Zeichne die Gerade g mit der Gleichung $y = -x$ und bestimme $f(x, y)$ mit $(x|y) \in g$.

Eine Funktion f mit $f(x, y) = ax + by + c \quad (a, b, c \in \mathbb{R})$ heißt **lineare Funktion von zwei Variablen**.

Die Definitionsmenge kann $\mathbb{R} \times \mathbb{R}$ oder eine Teilmenge davon sein.

13. **Grafische Darstellung**

Gegeben ist die lineare Funktion f mit $f(x, y) = \frac{1}{2}x - y + 1$.

a) Bestimme die Menge aller Punkte $(x \mid y)$ mit $f(x, y) = 4$ und zeichne die Punktmenge in das vorbereitete Koordinatensystem.

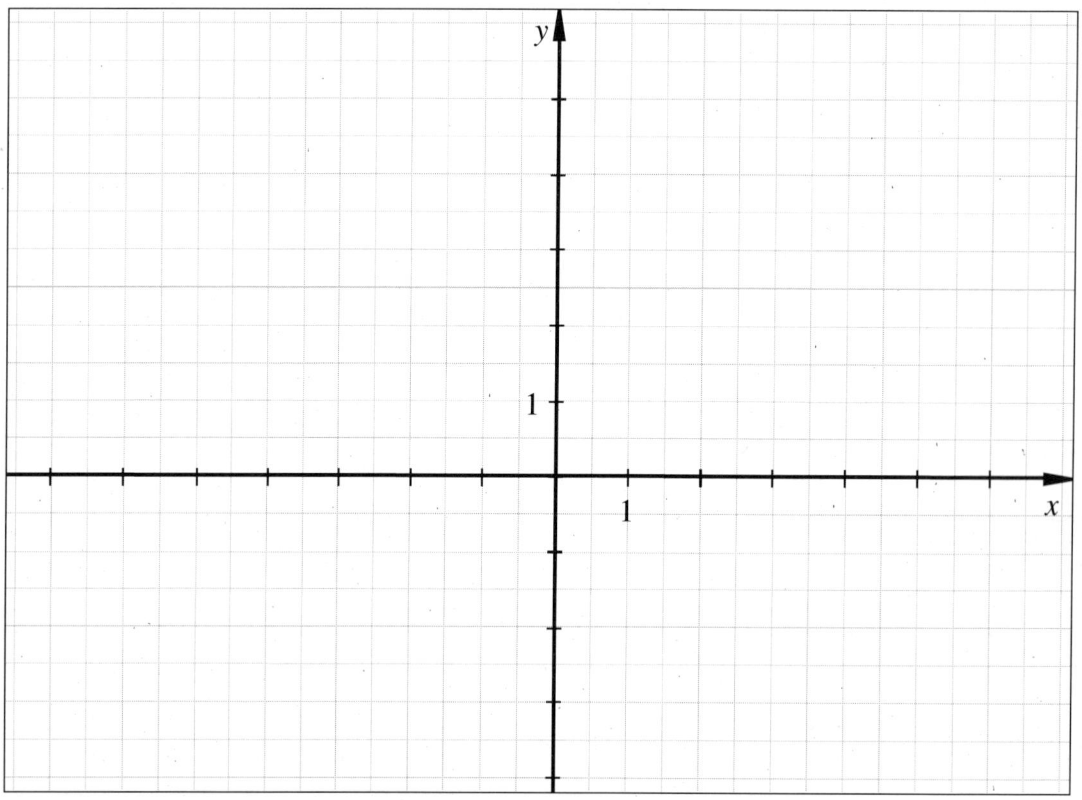

b) Verfahre ebenso mit

- $f(x, y) = 3$,
- $f(x, y) = 2$,
- $f(x, y) = 1$,
- $f(x, y) = 0$,
- $f(x, y) = -1$,
- $f(x, y) = -2$.

c) Sei z irgendeine reelle Zahl. Berechne den Funktionswert von f im Punkt $(2z \mid 1)$. Wo liegen alle Punkte, in denen f denselben Funktionswert wie im Punkt $(2z \mid 1)$ hat?

Wir veranschaulichen Funktionen f von zwei Variablen, indem wir für verschiedene $z \in \mathbb{R}$ die Menge aller Punkte $(x \mid y)$ mit $f(x, y) = z$ zeichnen.

Bei einer linearen Funktion erhält man eine Schar paralleler Geraden.

14. Veranschauliche folgende Funktionen. Wähle dazu $z \in \{-2;-1;0;1;2;3\}$.

a) $f(x, y) = 2 - x + y$

b) $f(x, y) = 4 - 2x - y$

c) $f(x, y) = 0 \cdot x + y + \frac{3}{2}$

d) $f(x, y) = 2 - \frac{1}{2}x$

Für Experten:

e) $f(x, y) = x \cdot y$

f) $f(x, y) = \frac{y}{x}$

15. **Maximum und Minimum**

Betrachte die Fläche D des abgebildeten Fünfecks und die lineare Funktion f auf D mit $f(x, y) = x + y + 2$.

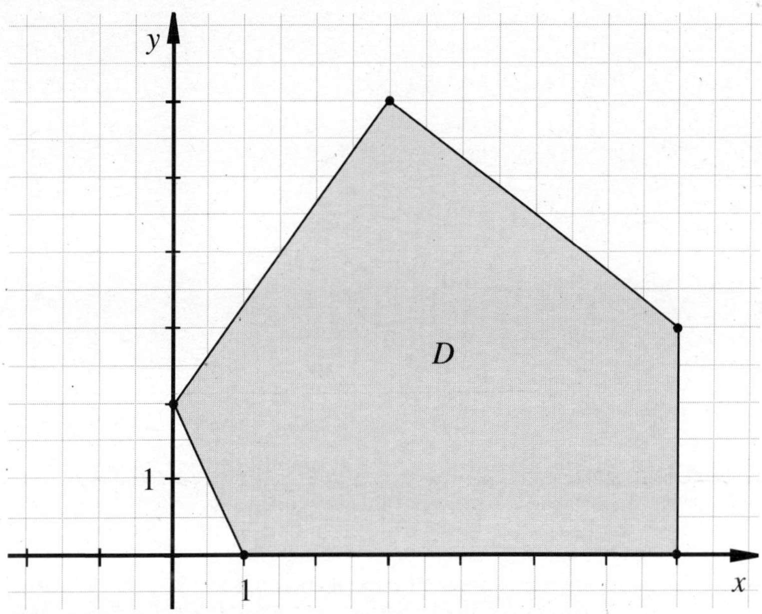

a) Berechne die Funktionswerte von f an den Eckpunkten von D.

• • •

• •

b) Wähle fünf weitere Punkte von D und berechne die Funktionswerte von f in diesen Punkten.

c) Markiere alle Punkte von D farbig, für die gilt:

- $f(x, y) = 8$,
- $f(x, y) = 3$,
- $f(x, y) = 12$.

d) Finde in der Menge D die Punkte, in denen die Funktion f ihren **größten** bzw. **kleinsten Wert** annimmt.

- Größter Wert (Maximum) von f:

  Punkt, in dem f den größten Wert annimmt:

- Kleinster Wert (Minimum) von f:

  Punkt, in dem f den kleinsten Wert annimmt:

Eckenkriterium
Eine auf einem Vieleck definierte lineare Funktion nimmt ihren maximalen und ihren minimalen Wert in einem Eckpunkt des Vielecks an.

16. Gegeben ist die Vierecksfläche D und eine lineare Funktion f auf D.
Finde die Punkte von D, in denen f den kleinsten bzw. größten Wert annimmt.
Beachte den Tipp des Softfrutti-Hundes.

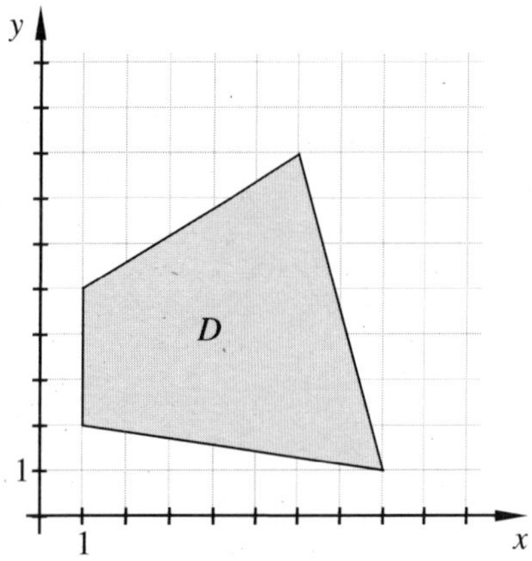

a) $f(x, y) = 4x - 3y - 2$
b) $f(x, y) = x - 3y + 18$
c) $f(x, y) = -2x + y + 10$
d) $f(x, y) = 48 - 3x - 5y$
e) $f(x, y) = 2 + \frac{x}{2} - \frac{y}{3}$
f) $f(x, y) = 25 - 3y$

17. a) Zeichne die Dreiecksfläche mit den Eckpunkten $(1|3)$, $(5|1)$ und $(4|6)$.
b) Bestimme mit dem Eckenkriterium das Maximum der Funktion $f: D \to \mathbb{R}$ mit $f(x, y) = -x + y + 5$. Markiere in der Zeichnung alle Punkte von D, in denen f den maximalen Wert annimmt.
c) Bestimme mit dem Eckenkriterium das Minimum der Funktion $g: D \to \mathbb{R}$ mit $g(x, y) = x + 2y - 4$. Markiere in der Zeichnung alle Punkte von D, in denen g den minimalen Wert annimmt.

18. Finde das Maximum und das Minimum der Funktion f im Lösungsgebiet des Ungleichungssystems.

$$f(x, y) = 5x + 6y$$

$$\begin{cases} x \geq 0 \\ y \geq 0 \\ 2x + 3y \geq 6 \\ 4x + y \leq 24 \\ x + 5y \leq 25 \end{cases}$$

Optimierungsaufgaben

19. **Fortsetzung von Aufgabe 10**

Schau dir nochmals die Aufgabe 10 an.

a) Nebenstehende Abbildung zeigt das **Planungsvieleck**. Erkläre seine Bedeutung.

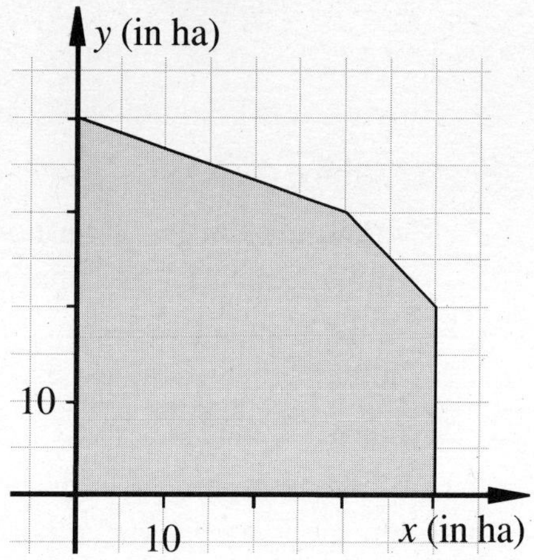

b) Der Landwirt hat beim Verkauf seiner Erzeugnisse einen Reinerlös (Erlös nach Abzug der Unkosten) von $1200\frac{€}{\text{ha}}$ beim Weizen und $2000\frac{€}{\text{ha}}$ bei den Kartoffeln.

Bestimme den Reinerlös in Abhängigkeit von der Weizen- und Kartoffelanbaufläche.

x = Größe der Weizenanbaufläche

y = Größe der Kartoffelanbaufläche

Reinerlös: Z(x, y) =

Die Funktion Z heißt Zielfunktion.

c) Ermittle alle Punkte im Planungsvieleck, für die der Reinerlös 60 000 € ist.

d) Der Landwirt möchte einen **möglichst großen Reinerlös** erzielen. Ermittle mit dem Eckenkriterium, wie viel Hektar Weizen und wie viel Hektar Kartoffeln er anbauen muss.

20. **Teppichhändler**

a) Ein Teppichhändler kann günstig in zwei verschiedenen Größen einkaufen. Ein kleiner Teppich kostet im Einkauf 300 €, ein großer Teppich 600 €. Beim Einkauf kann der Händler nicht mehr als 30 000 € ausgeben. Wegen des Platzes im Lager kann er höchstens 60 kleine und 40 große Teppiche kaufen.

① Prüfe ob der Händler 55 kleine und 20 große Teppiche (50 kleine und 30 große Teppiche) kaufen kann.

② Der Händler kauft x kleine und y große Teppiche. Welche Bedingungen müssen die Zahlen x und y erfüllen? Stelle ein Ungleichungssystem auf.

③ Zeichne das Planungsvieleck und gib seine Eckpunkte an.

b) Der Händler kann die kleinen Teppiche für 400 €, die großen für 750 € verkaufen.

① Der Händler hat 55 kleine und 20 große Teppiche eingekauft. Welchen Gewinn hat er nach Verkauf aller Teppiche gemacht?

② Der Händler hat x kleine und y große Teppiche gekauft. Stelle eine Funktion Z auf, die den Gewinn nach Verkauf aller Teppiche beschreibt.

③ Wie viele kleine und wie viele große Teppiche sollte der Händler kaufen, damit er nach Verkauf aller Teppiche einen möglichst großen Gewinn hat?

c) Löse die Aufgabe in b), wenn der Händler die kleinen Teppiche für 450 € und die großen Teppiche für 1000 € verkaufen kann.

So gehen wir beim linearen Optimieren vor:

① Lege die Variablen fest.

② Übersetze die Bedingungen in Ungleichungen.

③ Zeichne das Planungsvieleck und bestimme seine Eckpunkte.

④ Bestimme die Zielfunktion. Was soll optimiert werden?

⑤ Ermittle mit dem Eckenkriterium den Eckpunkt (die Eckpunkte), in dem (in denen) die Zielfunktion ihren maximalen bzw. minimalen Wert annimmt.

21. **Landwirtschaft**

Ein Landwirt will Mais und Weizen auf einer Fläche von höchstens 25 ha anbauen. Es sollen nicht mehr als 15 ha Mais sowie mindestens 5 ha und höchstens 20 ha Weizen angebaut werden. Der Landwirt erwartet beim Mais einen Gewinn von 1200 €/ha und beim Weizen einen Gewinn von 800 €/ha. Wie viel Hektar Mais und wie viel Hektar Weizen sollte der Bauer anbauen, damit der Gewinn maximal ist?

22. **Transportproblem**

Zwei Kiesgruben K_1 und K_2 beliefern zwei Baustellen B_1 und B_2 mit Kies. In K_1 sind 30 t Kies, in K_2 40 t Kies verfügbar.

Die Baustelle B_1 braucht mindestens 50 t Kies, an der Baustelle B_2 wird der Rest abgeliefert.

Die Transportkosten pro Tonne sind in nebenstehender Tabelle angegeben.

Transportkosten		
	B_1	B_2
K_1	18 €/t	15 €/t
K_2	16 €/t	20 €/t

a) Zeige: Wenn die Kiesmenge x von K_1 nach B_1 und die Kiesmenge y von K_2 nach B_1 transportiert werden, dann betragen die gesamten Transportkosten

$$Z(x, y) = 1250\,€ + 3\tfrac{€}{t} \cdot x - 4\tfrac{€}{t} \cdot y.$$

b) Wie viele Tonnen Kies sollen von K_1 bzw. K_2 zur Baustelle B_1 gebracht werden, damit die Transportkosten möglichst gering sind?

23. **Montagearbeit**

In einem Betrieb werden aus drei Teilen A, B und C Elektrogeräte zusammengebaut. Von dem Gerät gibt es zwei Ausführungen: Typ 1 und Typ 2. Die folgende Tabelle gibt Auskunft über die jeweils benötigte Stückzahl und die Vorräte.

Bauteil	Typ 1	Typ2	Lagerbestand
A	3	2	200
B	2	4	280
C	3	0	150

a) Wie viele Geräte vom Typ 1 und wie viele vom Typ 2 sollen hergestellt werden, damit die Gesamtzahl der Geräte möglichst groß ist?

b) An dem Gerät vom Typ 1 verdient der Betrieb 48 €, an dem anderen 31 €. Wie viele Geräte von jedem Typ sollten hergestellt werden, damit der Gewinn maximal ist?

24. **Bauvorhaben**

Eine Baugesellschaft hat ein Grundstück von 120 a erworben. Darauf sollen zwei- oder dreistöckige Häuser gebaut werden, die zweistöckigen mit Garten, die dreistöckigen ohne Garten. Die zweistöckigen Häuser sind für je vier Familien, die dreistöckigen für je sieben Familien bestimmt.

Die Kosten betragen bei einem zweistöckigen Haus 200 000 €, bei einem dreistöckigen 300 000 €. Insgesamt steht der Gesellschaft ein Kapital von 6 Mio. € zur Verfügung.

Für ein zweistöckiges Haus wird ein Grundstück von 6 a, für ein dreistöckiges Haus ein Grundstück von 4 a benötigt. Nach dem Bebauungsplan dürfen nicht mehr als 16 zweistöckige Häuser gebaut werden.

Wie ist das Grundstück zu bebauen, damit möglichst viele Familien dort wohnen können?

25. **Tablettenherstellung**

Eine pharmazeutische Firma stellt Kopfweh- und Halswehtabletten her. Die Produktion erfolgt in vier Arbeitsgängen auf vier Maschinen: Abfüllmaschine, Mischmaschine, Pressmaschine und Packmaschine. Auf jeder Maschine kann zur gleichen Zeit nur für eine Tablette produziert werden.

Die Arbeitszeit zur Herstellung von 1 kg Tabletten beider Sorten, die maximale Einsatzzeit der Maschinen pro Tag sowie den Gewinn je Kilogramm findest du in nachstehender Tabelle.

Maschine	Arbeitszeit in h für 1 kg Kopfwehtabletten	Arbeitszeit in h für 1 kg Halswehtabletten	maximale Einsatzzeit pro Tag
Abfüllmaschine	$\frac{1}{4}$	$\frac{1}{2}$	7
Mischmaschine	$\frac{1}{2}$	$\frac{1}{2}$	10
Pressmaschine	$\frac{1}{2}$	$\frac{1}{10}$	8
Packmaschine	$\frac{1}{2}$	$\frac{1}{2}$	6
Gewinn	300 €/kg	200 €/kg	

Bestimme die optimale Lösung.

Das Planungsvieleck kannst du in das vorbereitete Koordinatensystem zeichnen.

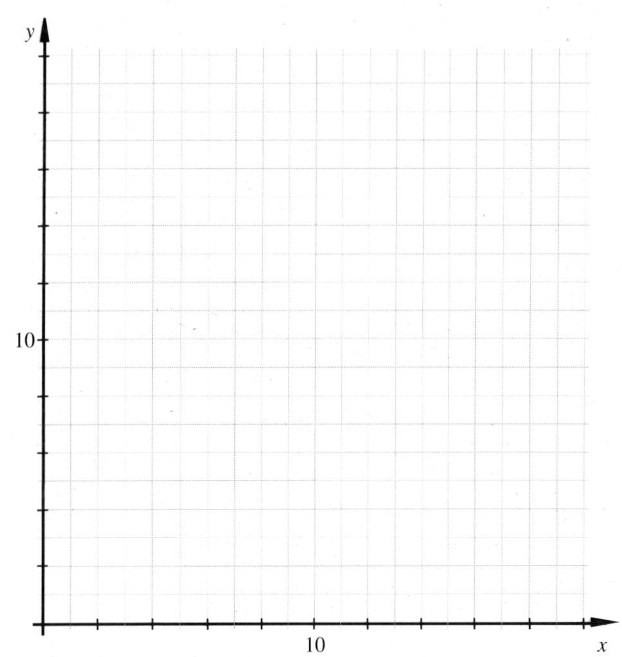

26. **Nuss-Mischung**

Ein Kaufmann hat 50 kg Haselnüsse und 50 kg Walnüsse eingekauft. Für 1 kg Haselnüsse hat er 2 € bezahlt, für 1 kg Walnüsse 3 €. Er verkauft die Haselnüsse zum Preis von 4 €/kg und die Walnüsse zum Preis von 6 €/kg. Aus maximal 70 kg der Nüsse macht er eine Mischung, die mindestens 20% Walnüsse enthält; die Mischung verkauft er für 5 €/kg.

a) Zeige: Wenn x die Menge der Haselnüsse und y die Menge der Walnüsse der Mischung ist, beträgt der Gewinn beim Verkauf aller Nüsse

$$Z(x, y) = 250€ + 1\frac{€}{\text{kg}} \cdot x - 1\frac{€}{\text{kg}} \cdot y .$$

b) Wie sollte der Kaufmann die Nüsse mischen, damit er unter den aufgestellten Bedingungen einen möglichst großen Gewinn macht?

27. **Zuschneide-Problem**

In einer Möbelfabrik werden $1{,}20\,\text{m} \times 1{,}00\,\text{m}$ große Holzplatten zu unterschiedlich langen Brettern zersägt. Die Bretter werden als Zwischenböden in Schränken benötigt. Gesägt wird nach den Plänen 1 und 2.

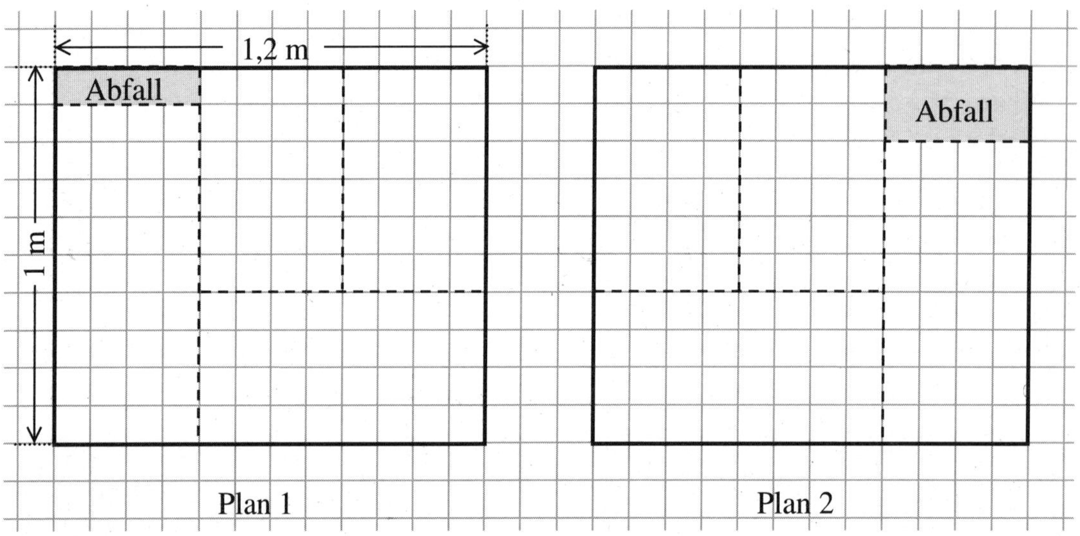

Zum Zusammenbauen der Schränke werden benötigt

- mindestens 1600 Stück von den 60 cm langen Brettern,
- mindestens 1100 Stück von den 80 cm langen Brettern,
- mindestens 200 Stück von den 90 cm langen Brettern.

Der Abfall, der pro Platte entsteht, ist bei den beiden Zuschneide-Plänen unterschiedlich.

a) Angenommen, es wird nur nach Plan 1 zugeschnitten. Wie viele Platten müssen zersägt werden? Wie viele Bretter der einzelnen Sorten erhält man? Wie viel Abfall entsteht?

b) Bestimme mit dem Eckenkriterium, wie oft jeweils nach den Plänen 1 und 2 zugeschnitten werden muss, damit der Abfall möglichst gering ist.

c) Wie viele Platten müssen im Fall b) zersägt werden? Wie viele Bretter der einzelnen Sorte erhält man? Vergleiche mit dem Ergebnis von a).